探索学科科学奥秘丛书

有趣的数学

本书编写组◎编

TANSUO
XUEKE KEXUE
AOMI CONGSHU

世界图书出版公司
广州·北京·上海·西安

图书在版编目（CIP）数据

有趣的数学/《探索学科科学奥秘丛书》编委会编．
广州：广东世界图书出版公司，2009. 10 （2024.2 重印）
（探索学科科学奥秘丛书）
ISBN 978 - 7 - 5100 - 1049 - 1

Ⅰ. 有… Ⅱ. 探… Ⅲ. 数学 - 青少年读物 Ⅳ. O1 - 49

中国版本图书馆 CIP 数据核字（2009）第 170047 号

书　　名	有趣的数学 YOUQU DE SHUXUE
编　　者	《有趣的数学》编委会
责任编辑	程　静
装帧设计	三棵树设计工作组
出版发行	世界图书出版有限公司　世界图书出版广东有限公司
地　　址	广州市海珠区新港西路大江冲 25 号
邮　　编	510300
电　　话	020-84452179
网　　址	http://www.gdst.com.cn
邮　　箱	wpc_gdst@163.com
经　　销	新华书店
印　　刷	唐山富达印务有限公司
开　　本	787mm × 1092mm　1/16
印　　张	10
字　　数	120 千字
版　　次	2009 年 10 月第 1 版　2024 年 2 月第 10 次印刷
国际书号	ISBN　978-7-5100-1049-1
定　　价	48.00 元

前 言

PREFACE

数学是一门基础学科，根植于人类的生产生活实际，是随着人类生产生活的发展而发展的。数学能够最集中、最深刻、最典型地反映人类理性和逻辑思维所能达到的高度，所以，11 世纪大数学家、物理学家和天文学家高斯说："数学是科学之王"。

数学作为一门伟大的学科是从原始人记数开始的，在远古时代，人类在捕鱼、狩猎和采集果实的劳动中产生了记数的需要。起初人们用手指、绳结、刻痕、石子或木棒等实物来计数。例如：表示捕获了 3 头野兽，就伸出 3 个手指；用 5 个小石子表示捕获了 5 头野兽。

一些人外出捕猎，出去 1 天，家里的人就在绳子上打 1 个结，用绳结的个数来表示外出的天数。这样经过较长时间，随着生产和交换的不断增多以及语言的发展，渐渐地把数从具体事物中抽象出来，先有数目 1，以后逐次加 1，得到 2、3、4……，这样逐渐产生和形成了自然数。之后随着人类社会的发展演化，数得到了极大的丰富和发展。

和数的概念的产生、发展的脉络一致，形的概念的产生和发展是伴随着数的发展而逐步发展的，二者相辅相成、共同发展。原始人对物体形状、大小和位置关系的最初认识开始了人类几何学的起步，以后，几何学历经了诸多次的飞跃发展，和数构成了数学中的两个最重要的基础支柱，共同繁荣着数学王国。

现代数学王国博大精深，无所不在，有着诸多的旁支，但数和形一直是其中的中流砥柱，无论是在传统数学，还是在现代数学；无论是在生产实践，还是在科研探索等方面，数和形一直都有着不凡的表现，现在也好，将来也罢，数学的世界，数和形的世界，一个完美的世界。

Contents

目　录

数的产生及发展

运算法则的出现和发展

几何学的产生及其发展

数与形的结合及现实应用

生活中数的计算

故事中蕴含的数学知识

数的产生及发展

SHU DE CHANSHENG JI FAZHAN

数是在人类漫长的进化发展的进程中逐渐产生并发展起来的，人在最初的阶段，并没有数量的概念，但人类日渐发达的大脑对客观世界的认识逐渐达到更加理性和抽象的地步。这样，在漫长的生活实践中，由于记事和分配生活用品等方面的需要，逐渐产生了数的概念。比如捕获了 1 头野兽，就用 1 块石子代表。捕获了 2 头，就放 2 块石子。这就是自然数的产生，之后，也是主要由于生活生产的需要，数的概念得到了进一步的丰富和发展。

人类计数的开始

结绳计数

在我国很多地方，老人要孩子记住一件事，总是说，“在裤带上打个结吧！”

上古的人正是这样，他们要记住什么事，就用绳子打个结。

这里所说的“上古”，究竟是指什么时候呢？

根据考古学家研究，在十多万年前，人们开始用绳子摔石头打猎。最初的绳子不会是草绳或麻绳，应该是一根兽皮筋之类的东西。

我国18 000年前的山顶洞人已经使用绳子了。这是有根据的，不是凭空臆说，因为在山顶洞里发现了有孔的兽牙、海蚶壳、砾石和石珠。他们用绳子把这些穿起来，挂在脖子上当装饰品。

山顶洞人的绳子没有保存下来，他们是不是结绳记事我们也无从得知。但是，每一颗兽牙却记载着这人曾经打过一只野兽，并引以为荣，就像运动员挂了一块运动会的奖牌一样。

春秋战国时期（公元前770—公元前221年）的《易经》上说：上古结绳而治。三国时期的吴虞翻（hé）解释道：“事大大其绳，事小小其绳，结之多少，随物众寡。”

这就是说：我国古代曾经用绳结来记事表数。

我国的藏族和苗族，也曾用结绳的方法来记数，如西藏的僜人邀集宴会，向亲友送绳，以绳上的结数表示宴会在几天后举行。

在国外，这样的例子也很多。

公元前1500年，秘鲁的印加族人每收进一捆庄稼，就在绳子上打个结，用来记录收获的多少。

有一次，古代有个波斯国王要去远征。他命令一些战士守卫一座桥，要守60天，他找来一根很长的皮带，在上面系了60个扣，要他们每天解开一个。所有的扣子都解完了，他们就可以回家了。

近代的秘鲁人，还有存留的“打结字”，用一条横绳，挂上许多直绳，拉来拉去的结起来，网不像网，用它来记事和算数。

书契计数

继结绳计数之后，书契开始出现。

书契就是刻写的意思，甲骨文就是一种书契。

甲骨文上有13个数字：

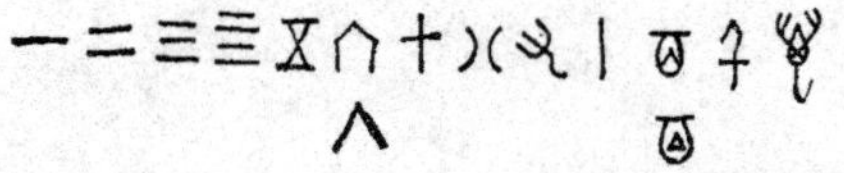

1 2 3 4 5 6 7 8 9 10 100 1000 10000

前面四个是象形字，中间五个是假借字。X 原来是“午”字，∩或∧原来是“入”字，十原来是“切”字，丨是直立的一字。“万”原来是“虿”（chài），意思是蝎类毒虫。你看，有身子有脚，后面还有个带钩的尾巴，跟蝎子有多像。

甲骨文里还有些合成字。例如：

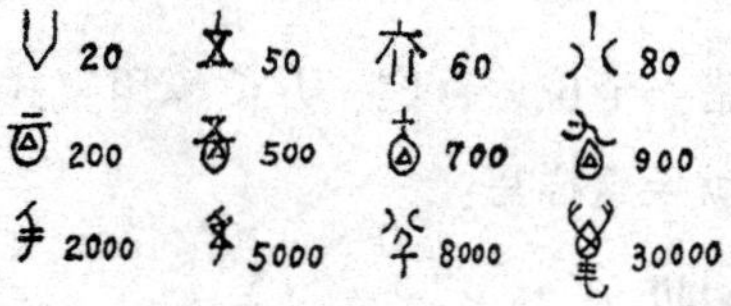

到了周秦时代（公元前 841—公元前 214 年），人们在青铜器上铸字（包括数字），这就是我们现在所说的金文。

到了 2000 多年前的汉朝，用来记数的文字就已经和现代汉字很接近了。

金文：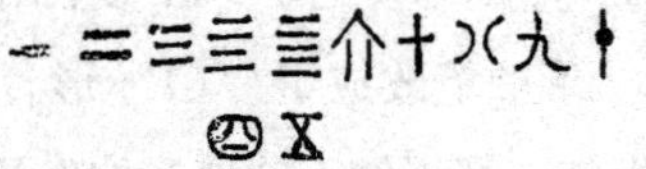

汉朝：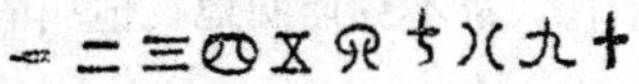

现代：一二三四五六七八九十

从 1300 多年前的唐代以来，随着商业的发展，在重要的账目、契约上，人们开始使用一套繁体的数码字，大家一看大概都会认识的：

壹贰叁肆伍陆柒捌玖拾佰仟萬

从算筹计数中也发展出一套表示数目的数码。它们有两种摆法：

直式：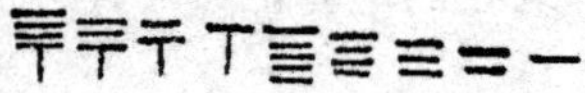

横式：

9 8 7 6 5 4 3 2 1

知识点

算筹计数

算筹是指一根根长短和粗细相同的小棍子，一般长为 13～14 厘米，径粗 0.2－0.3 厘米，多用竹子制成，也有用木头、兽骨、象牙、金属等材料制成的。大约二百七十几枚算筹为一束，放在一个布袋里，系在腰部随身携带。需要记数和计算的时候，就把它们取出来，放在桌上、或地上摆弄。

算筹计数是我国数学史上一项了不起的发明。

用这些数码计数的时候，要纵横交错：个位、百位、万位等用直式，十位、千位、十万位等用横式。例如 1985 就要这样写：

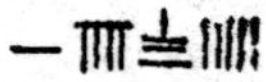

在开始的时候，这套数字没有○，遇到○就空一位。例如 2604，就写成：

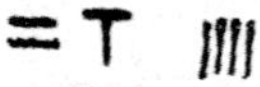

南宋（公元 1127—1279 年）以后，印刷术发达了，在书上用“□”表示空格，后来为了书写方便，又将“□”形顺笔改成了“○”形。1240 年，南宋数学家李冶和秦九韶分别在河北和浙江，都不约而同地在他们的著作中使用了“○”字。

在这套数码中，有几个数字写起来很不方便，于是又逐渐作了修改。如四写作“×”，五写作“ō”或“ỏ”，快写又变成“8”，九由“㐅”或“乂”变成“文”，终于演变成现在我国农村和一部分商业工作者使用的数码字。

有一点值得注意的是，我国古代文字是从上到下，写成直行，一行写完了，再从右往左写。可是数字记数却和现在的笔算记数一样，从左到右，排成横行。

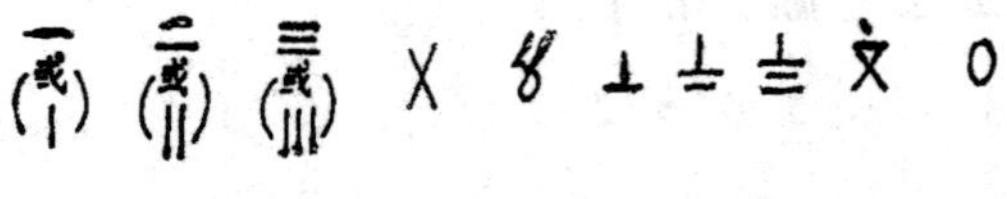

还有一点非常重要。这就是每个数字随着所在地位不同，而代表不同的

数值。例如2813、5734、4375里都有3，但数值不一样。3在个位是3，在十位却是30，在百位就代表300了。这种记数方法，叫做地位值记数制。我国很早就采用十进地位制了，这为我国古代数学的迅速发展打下了良好的基础。

用画和符号记数

埃及人和美索不达米亚人在5 000多年前就开始记数了。

埃及人在一种生长在尼罗河中的水草叶子上记数。他们写的数字就像画画。“一”，画一个指头；“二”，画两个指头；这样一直到“九”。“十”呢，画一个脚跟骨；“百”，画一条卷起来的绳子；“千”，画一朵莲花……

例如1985，是这样画的：

到了3800多年前，数码字才变得简化好写了：

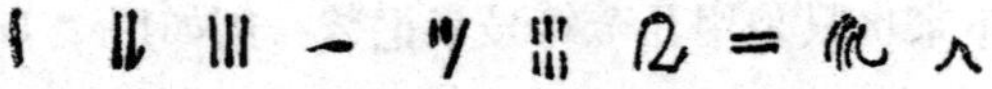

1　2　3　4　5　6　7　8　9　10

这套数码字比我国甲骨文里的数码字还要早些，是现在知道的、人类历史上最早的数码字。

大约在4000多年前的巴比伦（现在的伊拉克）人，先用一根楔（xiē）形的棒在软泥板上刻压出楔形符号，然后在烈日下晒干。

他们用“V”代表“一”，用“<”代表“十”，还是用一个“V”代表“六十”，再用一个“<”代表“六百”，只是地位不同罢了，所以也是地位值记数制。下面就是1985：

在早期的记数法中，还有一种马雅数字，也特别引起人的注意。马雅文

化是美洲中部的古代文化，它是在与欧、亚、非大陆隔离的情况下，独立发展起来的。

他们用“·”（小石头变来的）代表1，2就是“··”，这样一直到4（∶∶）。5就用一根小棒表示。6就是$\dot{-}$，这样一直到19，就是$\overset{....}{\equiv}$。

然后是一个椭圆，它放在任何数下面，这个数就放大二十倍。例如：

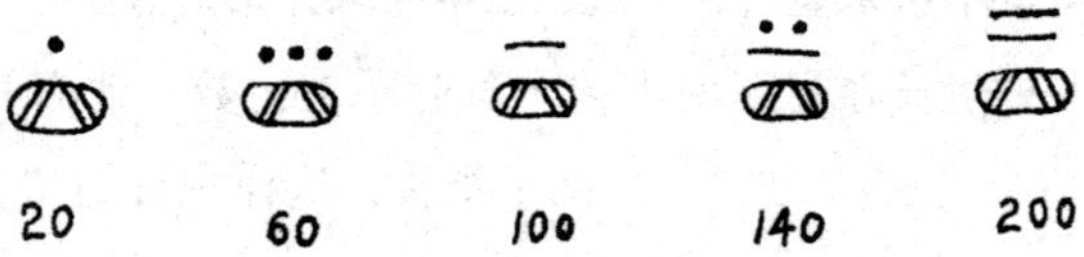

“”加第二个椭圆的时候，就再乘以20。但是在计算时间的时候，却只表示乘以18。所以在计算时间的时候不是表示400，而是表示360。

有人猜测，这是因为原始狩猎者的年历是360天的缘故。他们一个月只有20天，一年18个月，剩下5天作为忌日。

用字母记数

古代希腊人本来也只是用几个符号来记数，例如用“Ι”表示1，“Γ”表示5，△表示10，H表示100，X表示1000。

这几个符号，也正是希腊拼音文字的字母。他们的拼音字母共有24个，到了公元5世纪，就将它们一齐用来表数，头九个字母表示1~9，接着的九个字母表示10~90，又想用九个字母表示100~900。可是这一来，不是还差三个字母吗？于是又从古代和外国借来三个字母，总共用了27个字母来记数。

A	B	Γ	△	E	F	Z	H	θ
1	2	3	4	5	6	7	8	9
Ι	K	Λ	M	N	≡	O	Π	9
10	20	30	40	50	60	70	80	90
Ρ	ξ	T	Y	φ	X	Ψ	Ω	⋋
100	200	300	400	500	600	700	800	900

这套数字可以记到999，如果再大，就可以在数前面画一道，表示原数的1 000倍。

一个字母可以代表一个大数目，似乎简单方便，可是使用起来，实在太麻烦。

后来的罗马人就只保留下七个字母：

I　V　X　L　C　D　M

1　5　10　50　100　500　1000

I是一个指头。V就是一只手，一根线代表拇指，另一根线代表另外四个合并的手指。X代表两手交叉。C和M是“一百”、“一千”的第一个字母。

用这套字母记数，有一套规矩：

同样的字母并列，表示相加，但不能超过4个。例如II=2，XXX=30。

小数写在大数右边是加，例如6写成VI，12写成XII；写在左边是减，例如9写成IX，40写成XL，但是小数只许用一个，例如8不能写成IIX，而要写成VIII。

例如1985，他们是这样写的：

MCMLXXXV

数目再大怎么办？加线！也就是除了I外，在数字上面加一横线，表示扩大1 000倍。你能回答出下面的数目是多少吗？

$\overline{L}\,\overline{X}$ M C C XXX VII

这套数字，欧洲人长久使用，甚至现在，在旧式钟表上，在某些书籍目录上还可以看到。

说到钟表上的罗马字，为什么4不写成IV而写成IIII。这是什么呢？

有两个原因：

一种说法是：罗马主神叫IVPITER，头两个字母正好是IV，罗马人忌讳写它。

另一种说法是：英皇查理五世的名字是Charles V，他下过一道命令，不许在他的尊号V的前面，再加上什么东西。所以他就废去IV字不用，只许写成IIII。以后沿袭下来，钟表上就只有IIII了。

如果用罗马数字计算，也是麻烦极了。看下面一个算式。

```
                XVIII
                XX II
            ----------
                  VI
              XXX
         C  LX
       CC
  --------------------
  CCCLXXXXVI
```

看来用罗马数字计算是十分麻烦的，乃至阻碍了数学的发展，所以罗马数字就让位给阿拉伯数字了。

用身体计数

在计数的方法中最复杂的要数巴布亚人的“身体动作表现的数”，他们利用身体动作来表现用语言无法表达的数。让我们来看看巴布亚人是怎样用身体动作表现数的。

1：右手小指	6：右手手腕
2：右手无名指	7：右肘
3：右手中指	8：右肩
4：右手食指	9：右耳
5：右手拇指	10：右眼
11：左眼	17：左手手腕
12：鼻子	18：左手拇指
13：嘴	19：左手食指
14：左耳	20：左手中指
15：左肩	21：左手无名指
16：左肘	22：左手小指

如上所述，现在数的体系有了很大的发展，但仍有古代计数的痕迹。时间为 12 小时和一年为 12 个月的 12 进制；角度和时间中，1 小时分为 60 分、

1 分为 60 秒的 60 进制；德国农民用于农事的 5 进制日历；就是现在计算机运用的 2 进制也可从“阴阳学说”中找到根源。古代大部分民族都曾使用，现在我们也正在使用的 10 进制完全是因为人类有 10 个手指这一生理特征。如果人类的手指是 7 个或 9 个的话，也许现在使用的是 7 进制或 9 进制。

事实上，古代巴比伦使用的是 60 进制，就是到了 17 世纪欧洲还常用这一进制。他们为什么放着简便而又自然的 10 进制不用，而非得用复杂而又不自然的 60 进制呢？虽不知道确切的原因，但推测如下：

10 和 60 相比融通性较差，10 只有 2 和 5 两个约数，而 60 有 2、3、4、5、6、10、12、15、20、30 十个约数。在现实生活中经常会出现某一数被分成 2、3、4、5 等份的情况，目前还在广泛使用的 1/4 单位（quarter）就是例子。4 不能整除 10，但能整除 60，所以 60 进制比 10 进制更容易避开小数的复杂计算。使用 60 进制最大的理由是表示小数的分数数量要比 10 进制的多。实际使用中，将某一区间 10 等分则会变成 0.1、0.2、0.3、…、0.9、1，再将它们 10 等分，就会变成 0.01、0.02、…、0. 09、0.1，如此继续下去，可将分数变成小数。但不幸的是最简单的 1/3 却不能用小数表示，因为 3 不是 10 的约数。

阿拉伯数字

现在世界上通用的数字：0、1、2、3、4、5、6、7、8、9，叫做阿拉伯数字。但是，实际上，这套数字是阿拉伯人从印度人那里借用来的。而印度数字又很可能起源于中国。

我们先看看印度 6 世纪的数字：

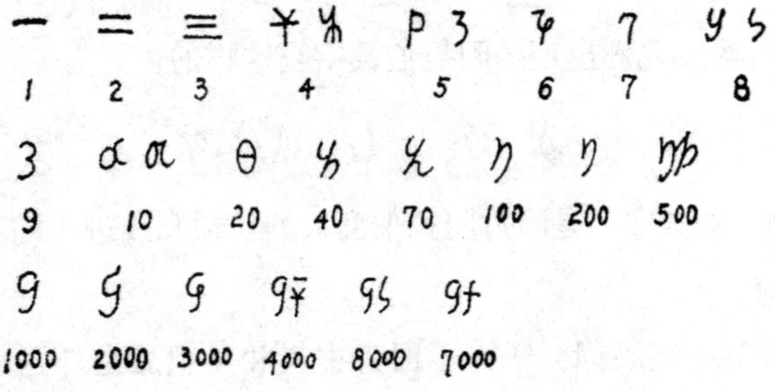

这套数字，除1~9以外，十位数、百位数，千位数，万位数，也都各给一个符号，这和埃及、巴比伦等数字不是差不多吗？

关键是没有采用十进地位制（巴比伦数字有地位制概念，但是它是六十进位的)，也没有“零”。如果不加以改造，这套数字就会跟古代埃及、巴比伦等数字一样，湮没无闻，不会对世界文化有什么贡献了。

而我们中国早在春秋战国时期，就已经有了十进位制的筹算方法，并且遇零空位。

中国和印度，早在公元前就有了商业往来，十进位制这种极为出色的创造，不可能不对印度计数方法产生影响。

到了公元7世纪，印度才采用十进位制记数。

“0”这个符号在古老的印度文献《吠陀》中倒是有的，表示“空位”。以后，又曾用“·”代“0”。

这套数字，是公元8世纪前传入阿拉伯的。可是，8世纪的时候，阿拉伯征服了西班牙，将这套数字传到欧洲。另外，阿拉伯人在873年的时候，已经开始用“·”代表零。例如用“2·9”表示“209”。那时候，还没有这个“0”。

从公元786年的印度雕刻上，我们看到了“0”的应用，因为刻文里说到50个花冠，这“50”刻作“ꝗ0”。

这套数字，一面流传，一面也在变化。例如“一”、“二”、“三”的写法，和我国古代数字的写法一样，而和现在的阿拉伯数字不同。后来，“一”从横写变成了直写：1，“二”和“三”呢？写快一点，就是这样：

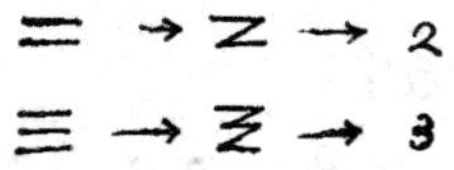

10世纪的时候，欧洲出现的阿拉伯数字是这样的：

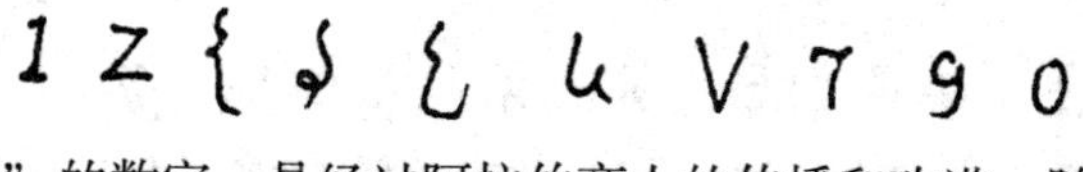

这套带“0”的数字，是经过阿拉伯商人的传播和改进，随着香料和丝织品，传到欧洲的。

开始，欧洲的一些顽固分子，不因为香料和丝织品是外国来的而拒绝使用，却因为这十个数字是外国来的而拒绝接受这份贵重的文化礼物。例如13世纪，佛罗伦萨就有禁止银行家使用阿拉伯数字的法律。到了14世纪，巴杜阿大学还坚持用罗马数字标书的价格。

但是好的终究是好的。由于新数字系统在书写和计算上的无比便利，它终于战胜了傲慢与偏见，渐渐地在欧洲传播开来了。

在14世纪，欧洲通用的数字，已经变得和现在的差不多了：

阿拉伯数字在唐朝开元年间（公元8世纪）就传入了中国，大约也是由于顽固分子的抵制，没有被广泛采用。直到13～14世纪，才由伊斯兰教徒从西方传入中国，逐渐广泛使用起来。

现在，阿拉伯数字已经传遍了全世界绝大部分地区，作为最好的记数符号为世界绝大多数人所采用了。

“0”的诞生及应用

0的最初含义是“没有”。古人认为，既然什么也没有，就不必专门确定一个符号。

后来，人们用位值制记数时经常会碰到缺位的数，比如204，怎么表示中间的空位呢？古代印度人用“·”占位，我国开始时用空位，后来用“□”占位，再后来又用“○”占位。

知识点

位值制记数

位值制即每个数码所表示的数值不仅取决于这个数码本身，而且还取决于它在记数中所处的位置。我们现在使用的十进制、二进制都属于位值制。在十进位值制中，同样是一个数码“2”，放在个位上表示2，放在十位上就表示20，放在百位上就表示200，放在千位上就表示2 000。

据英国史学家考证，大约在1 500多年前，0最先出现于中国和印度边界，很可能是两国人民的共同创造。人类从认识“1”到认识“0”，差不多用了5 000年的时间。

0诞生以后，先从印度传到阿拉伯国家，又从阿拉伯国家传到罗马。由于罗马数字不是采用位值制，不存在缺位问题，因此罗马教皇为了加强罗马帝国和罗马宗教的统治，下令禁止任何人使用0记数，但教皇的禁令最终无法阻止历史的潮流，由于0给记数和运算带来了极大的方便，因此，0在民间悄悄地流行开了，后来终于通用于欧洲，而罗马数字却渐渐地被淘汰了。

现在0并不仅仅表示“没有”，实际上它有着非常丰富的意义。

如电台、电视里报告气温是0℃，并不是指没有温度，而是相当于华氏表32度，这也是冰点的温度。0还可以表示起点，如发射导弹时的口令是：“9，8，7，6，5，4，3，2，1，0——发射”。0在数轴上作为原点，也是起点的意思。0还可以表示精确度。如在近似计算中，7.5与7.50表示精确程度不同。

在实数中，0又是正数与负数间的唯一中性数，具备下面一些运算性质：

$a+0=0+a=a$。

$a-0=a$。$0-a=-a$。

$0\times a=a\times 0=0$。$0\div a=0$，$(a\neq 0)$

0不能作除数，0也没有倒数；

0的绝对值和相反数都是0；

任意多个0相加和相乘都等于0。

在指数和阶乘运算中，还有：$a^0=1$（其中$a\neq 0$），$0!=1$。

0在复数中，是唯一辐角没有定义的复数。0还没有对数。现代电子计算机用的二进制中，0还是一个基本数码。

在0发明之前，我们祖先记数的方法是繁琐而不完善的，要记一个大数就要将某些符号重写许多次。在采用了印度—阿拉伯数码，而没有用0这个符号时，前人将一百万、三万、四百、五这几个数之和表示为：1 3 4 5，这种表示就会产生误解，或是一百零三万四百零五，或是一千三百四十五。于是用打格的办法来区分：

1		3		4		5

空的地方表示空位。但这又使运算变得很麻烦。采用0后，就可以简洁地写成：1030405。因此，没有采用0之前，可以说记数法是不完整的。

0是数学中最有用的符号之一，但它的发明是来之不易的。古埃及虽建造了宏伟的金字塔，但不会使用0；巴比伦人发明了楔形文字，也不会使用0；中国古代用算筹运算时，怕定位发生错误，开始用□代表空位，为书写方便逐渐写成○。公元2世纪希腊人在天文学上用O表示空位，但不普遍。比较公认的是印度人在公元6世纪最早用黑点（·）表示零，后来逐渐变成了0。

分数的产生与发展

在原始公社时期，人们共同进行采集、狩猎，共同享用猎获物。为了计算收获物和进行分配，有时还得把一只野兽切割成几块，分给大家吃。

这些都逼得人们发明新的计数方法。

也就是说，人们除了认识比一大的那些数——从一到十、百、千、万以外，人们还得认识比一小的那些数。

分数就这样应运而生了。“分”就是分开、分裂的意思。

知识点

分数的概念

把单位“1”平均分成若干份，表示这样的一份或几份的数叫分数。表示这样的一份的数叫分数单位。最早使用分数的国家是我国，我国使用分数比其他国家要早出一千多年。我国古代有许多关于分数的记载。《九章算术》是我国1 800多年前的一本数学专著，其中第一章《方田》里就讲了分数四则算法。

在分数中，人们首先认识单分数，也就是分子是1的那些分数，如$\frac{1}{3}$、$\frac{1}{5}$、$\frac{1}{10}$等。

公元前2 100年，巴比伦人用$\frac{1}{60}+\frac{1}{60^2}+\frac{1}{60^3}$表示1°角的正弦函数值。这是世界上最早的分数。

当然，古代分数的记数法不是像我们现在这样写的，而是有特别的标记。

例如，公元前1850年的埃及人，用打点或画一个扁圈来表示部分，写在数字上面。例如：

代表$\frac{1}{5}$，

代表$\frac{1}{10}$，

代表$\frac{1}{30}$

希腊人，则画一个0，表示部分，也是写在数字上面，如：

代表$\frac{1}{3}$，

代表$\frac{1}{4}$，

代表$\frac{1}{10}$

我们中国最早有小、半、大的称呼。小就是$\frac{1}{3}$，半就是$\frac{1}{2}$，大就是$\frac{2}{3}$的意思。

以后更精确一些，就有三之一（$\frac{1}{3}$）、五之一（$\frac{1}{5}$）、九之一（$\frac{1}{9}$）等等称呼。

在欧洲，分数曾经令人谈虎色变，视为畏途。7世纪时，有个数学家算出了一道8个分数相加的习题，竟被认为是干了一件了不起的大事情。在很长的一段时间里，欧洲数学家在编写算术课本时，不得不把分数的运算法则单独叙述，因为许多学生遇到分数后，就会心灰意懒，不愿意继续学习数学了。直到17世纪，欧洲的许多学校还不得不派最好的教师去讲授分数知识。以致到现在，德国人形容某个人陷入困境时，还常常引用一句古老的谚语，说他

“掉进分数里去了”。

一些古希腊数学家干脆不承认分数，把分数叫做“整数的比”。

1/4 和 1/28 怎么能够表示 2/7 呢？原来，古埃及人只使用分子为 1 的那些分数，遇到其他的分数，都得拆成单分子数的和。1/4 和 1/28 都是单分子数，它们的和正好是 2/7，于是就用$\frac{1}{4}+\frac{1}{28}$来表示 2/7。那时还没有加号，相加的意思要由下文显示出来，看上去就像把 1/4 和 1/28 摆在一起表示了分数 2/7。

由于有了这种奇特的规定，古埃及的分数运算显得特别繁琐。例如要计算 5/7 与 5/21 的和，首先得把这两个分数都拆成单分子数：

$$\frac{5}{7}+\frac{5}{21}=\left(\frac{1}{2}+\frac{1}{7}+\frac{1}{14}\right)+\left(\frac{1}{7}+\frac{1}{14}+\frac{1}{42}\right)$$

然后再把分母相同的分数加起来：

$$\frac{1}{2}+\frac{2}{7}+\frac{2}{14}+\frac{1}{42}$$

由于算式中出现了一般分数，接下来又得把它们拆成单分子分数：

$$\frac{1}{2}+\frac{1}{4}+\frac{1}{7}+\frac{1}{28}+\frac{1}{42}$$

这样一道简单的分数加法题，古埃及人算起来都这么费事，如果遇上复杂的分数运算，运算起来又该是何等的吃力。

在西方，分数理论的发展出奇地缓慢，直到 16 世纪，西方的数学家们才对分数有了比较系统的认识。甚至到了 17 世纪，数学家科克在计算$\frac{3}{5}+\frac{7}{8}+\frac{9}{10}+\frac{12}{20}$时，还用分母的乘积 8 000 作为公分母。

而这些知识，我国数学家在 2 000 多年前就已经知道了。

我国现在尚能见到最早的一部数学著作，刻在汉朝初期的一批竹简上，名字叫《算数书》。它是 1984 年初在湖北省江陵县出土的。在这本书里，已经对分数运算作了深入的研究。

稍晚些时候，在我国古代数学名著《九章算术》里，已经在世界上首次系统地研究了分数。书中将分数的加法叫做“合分”，减法叫做“减分”，乘法叫做“乘分”，除法叫做“除分”，并结合大量例题，详细介绍了它们的运算法则，以及分数的通分、约分、化带分数为假分数的方法步骤。尤其令人自豪的是，我国古代数学家发明的这些方法步骤，已与现代的方法步骤大体相同了。

例如：“又有九十一分之四十九，问约之为几何?”书中介绍的方法是：从 91 中减去 49，得 42；从 49 中减去 42，得 7；从 42 中连续减去 7，到第 5 次时得 7，这时被减数与减数相等，7 就是最大的公约数。用 7 去约分子、分母，那就得到了 49/91 的最简分数 7/13。不难看出，现在常用的辗转相除法，正是由这种古老的方法演变而来。

公元 263 年，我国数学家刘徽注释《九章算术》时，又补充了一条法则：分数除法就是将除数的分子、分母颠倒与被除数相乘。而欧洲直到 1489 年，才由维特曼提出相似的法则，已比刘徽晚了 1 200 多年。

小数的出现及记法

小数，也可以说就是分数，不过分母必须是一十，一百、一千、一万这些数。

人们认识小数要比分数晚得多。

西方人一般认为：比利时工程师西蒙·斯蒂文（公元 1548—1620 年）最早使用十进小数。

知识点

十进小数

十进小数即是我们平时所说的小数，实际上就是十进分数，即把十进分数写成不带分母的形式。小数点左面的数称为小数的整数部分，整数部分为零的小数称“纯小数”；整数部分不为零的小数称“混小数”或“带小数”。小数点右面只有有限个不全为零的数字时，称为“有限小数”，其余的称为“无限小数”。无限小数又分为循环小数和无限不循环小数两类。

我国采用十进记数，所以十进小数应用很早。

斯蒂文在公元1583年出版了一本小册子，极力主张用十进小数来代替使人头痛的分数。

例如：3.275当然比$3+\frac{2}{10}+\frac{7}{100}+\frac{5}{1000}$简便得多。

可是，苏联人杰普门在他写的《数学故事》这本书里，认为：俄国数学家阿勒·卡希在15世纪初期写了一本《关于圆的教科书》，书中将2π的值写成：6 283 185 307 179 586 5

用现在的写法就是6.2831853071795865。

这比欧洲出现小数要早175年。

但是在我国，很早就有了分、厘、毫、丝、忽等等名称。

分，前面说过，是分开的意思，也就是一寸的$\frac{1}{10}$；汉代有“一黍（黄米）之广为分”的说法。

厘，就是氂（máo），即牛马的尾巴，古代人用它来代表一分的$\frac{1}{10}$；

毫，即豪，就是兔子毛；丝，是蚕吐的丝；忽，是蜘蛛吐的丝。古代人就是拿这些具体的东西来代表长度。

从寸到分、厘、毫、丝、忽，都是分成十份退一位，所以也可以叫十退位制。

至于小数的记法，我国在13世纪，是用低一格来表示小数部分的。例如23.45，写作：

= | | |

　X $\overline{\text{O}}$

至于现在我们用的小数点，则一直到17世纪人们才发明出来。

我们现在在小数计算中，经常采用四舍五入的方法，其实，这在我国古代很早就采用了。例如2 000多年前有“径一周三”的说法，也就是把圆周率π只看作3，这就是采用四舍五入的一种近似计算方法。至于文字记载四舍五入的方法，则是公元237年的事。

正负数的出现与发展

正数就是大于0的数，负数就是小于0的数。我们现在在数字前放一个“+”号代表正数，在数字前放一个“-”号代表负数。

最早在我国古代数学名著《九章算术》中，记有正负数的概念和加减运算法则，这是我国数学史上的光辉成就。在该书的方程章中，我国古代杰出的数学家刘徽有一个注释：“两算得失相反，要令正负以名之”。它的意思是说，在布列方程时，由于所给数量可能具有相反的意义，因而引出正负数的概念。不仅如此，而且对正负数的加减法则也规定得很清楚。“正负术曰：同名相除，异名相益。正无入负之，负无入正之；其异名相除，同名相益。正无入正之，负无入负之。”这里所说的“同名”、“异名”，指的就是“同号”、“异号”。“相益”、“相除”指的就是二数的绝对值相加或相减，其中前四句是正负数减法法则，意思是说，同号相减，异号相加。以零减正得负，以零减负得正。后四句是正负数加法法则，意思是：异号相减，同号相加。零加正得正，零加负得负。

知识点

《九章算术》

《九章算术》是我国古代第一部数学专著。该书内容十分丰富，系统总结了战国、秦、汉时期的数学成就。同时，《九章算术》在数学上还有其独到的成就，不仅最早提到分数问题，也首先记录了盈不足等问题，“方程”一章还在世界数学史上首次阐述了负数及其加减运算法则。

按刘徽的注释，“无入为无对也，无所得以减也，”他所指是以零为被减数的情形。“正无入正之，负无入负之。”按同样的解释，其意义是零加正得正，零加负得负。

元朝数学家朱世杰在其《算学启蒙》（1299 年）一书中，对正负数运算又有新的发展。他把《九章算术》中的说法改写为：“明正负术，其同名相减，则异名相加，正无入负之，负无入正之。”在这里朱世杰把《九章算术》中的“除”字改为“减”字，把“益”字改为“加”字，与今日文辞比较接近，使人看了明白易懂。朱世杰还提出了正负数乘除法法则：“同名相乘为正，异名相乘为负”；“同名相除所得为正，异名相除所得为负”。朱世杰给出完整的正负数乘除运算法则与我们今日的说法基本相同。

直到 15 世纪，欧洲才在方程的讨论中出现负数。其中，在 1484 年，法国的舒开曾给出二次方程的一个负根，但他不承认它，把负数说成“荒谬的数”，1545 年，法国数学家卡儿丹（1501—1576 年）虽也承认方程中有负数，但他称负数为“假数”，他认为只有正数才是“真数”。韦达（1540—1603 年）则完全不要负数。而笛卡儿则是部分地接受了负数，他把方程的负根称作“假根”。

18 世纪以后，由于负数的运算法则在直观上是可靠的，它并没有在计算上发生问题，正如法国数学家达朗贝尔（1717—1783 年）所说：“对负数进行运算的代数法，任何人都是赞成的，并认为是正确的，不管我们对这些数有什么看法。”从此负数在欧洲最终得到确立。到 19 世纪，它为整数奠定了逻辑基础，但给负数在数学上以应有的地位的是德国数学家魏尔斯特拉斯（1815—1879）和戴得金（1813—1916）等人。

我国数学家提出正负数的概念以及正负数加减法则，比欧洲数学家要早 1 000 多年。这在数学史上的确是一个伟大的成就和贡献。

无理数及其理论的发现与确立

日常生活中，人们不仅要计数单个的对象，有时还需要度量各种量。为了满足度量的需要，就要用到分数，例如长度，就很少正好是单位长的整数倍。于是，定义有理数为两个整数的商 q/p（$p\neq0$）。

有理数有下面这样一个简单的几何解释：在一条水平直线上标出不同的两个点 O 和 I，选定线段 OI 作为单位长。如果用 0 和 1 分别表示长度的两个点，则可以用这条直线上间隔为单位长的点的集合来表示正整数和负整数（正整数在 O 的右边，负整数在 O 的左边）。以 P 为分母的分数可以用每一单位间隔分成 P 等分的点表示。于是，每一个有理数都对应着直线上的一个点。古代数学家们想当然地认为，这条直线的每一个点也都对应一个有理数，即有理数把这条直线上的点都“用”完了。然而，毕达哥拉斯学派（古希腊哲学家毕达哥拉斯创立）的希帕索斯却发现后一论点是不正确的。

知识点

毕达哥拉斯学派

毕达哥拉斯学派也称“南意大利学派”，是一个集政治、学术、宗教三位于一体的组织，由古希腊哲学家毕达哥拉斯创立。其组织成员大多是数学家、天文学家、音乐家。毕达哥拉斯学派于公元前 6 世纪末创立，于公元前 5 世纪被迫解散。

毕达哥拉斯学派在数学、艺术、哲学、天文等方面颇有建树，相传著名的“勾股定理”的证明就是由这个学派完成的。

以线段 OI 为边作正方形，令线段 OP 的长等于正方形的对角线长，则没有有理数能与 P 对应。要证明这件事就需要证明$\sqrt{2}$是有理数。假设$\sqrt{2}$是有理数，即$\sqrt{2} = q/p$，这里 p、q 是互素的整数（即不能再约分的整数），于是 $q = p\sqrt{2}q^2 = 2p^2$，这又得到 p 必为偶数，此与 p、q 互素矛盾。所以$\sqrt{2}$肯定不是有理数。这种数的发现超出了人们的预料，因而被称之为无理数。

虽然无理数早在古希腊时代就被发现，但它的严格理论直到 19 世纪末才被数学家们建立起来，并将有理数与无理数统称为实数。实数能够与直线上的点形成一一对应，至此，终于了却了数学家们的一桩心愿。

虚数的发现及复数概念的建立

从自然数逐步扩大到了实数，数是否“够用”了？够不够用，要看能不能满足实践的需要。

在研究一元二次方程 $x^2+1=0$ 时，人们提出了一个问题：在实数范围内 $x^2+1=0$ 是没有解的，如果硬把它解算一下，看看会得到什么结果呢？

由 $x^2+1=0$，得 $x^2=-1$。

两边同时开平方，得 $x=\pm\sqrt{-1}$（通常把 $\sqrt{-1}$记为 i）。

$\sqrt{-1}$是什么？是数吗？关于这个问题的正确回答，经历了一个很长的探索过程。

16 世纪意大利数学家卡尔丹和邦贝利在解方程时，首先引进了 $\sqrt{-1}$，对它还进行过运算。

17 世纪法国数学家和哲学家笛卡尔把 $\sqrt{-1}$做“虚数”，意思是“虚假的数”、“想像当中的，并不存在的数”。他把人们熟悉的有理数和无理数叫做“实数”，意思是“实际存在的数”。

数学家对虚数是什么样的数，一直感到神秘莫测。笛卡尔认为：虚数是“不可思议的”。大数学家莱布尼兹一直到 18 世纪还以为“虚数是神灵美妙与惊奇的避难所，它几乎是又存在又不存在的两栖物”。

随着数学研究的进展，数学家发现像 $\sqrt{-1}$这样的虚数非常有用，后来记有形如$2+3\sqrt{-1}$，$6-5\sqrt{-1}$者。一般地把$a+b\sqrt{-1}$记为$a+bi$，其中a，b为实数，这样的数叫做复数。

当$b=0$时，就是实数；

当$b\neq0$时，叫做虚数。

当$a=0$，$b\neq0$时，叫做纯虚数。

虚数作为复数的一部分，也是客观存在的一种数，并不是虚无缥缈的。由于引进了虚数单位$\sqrt{-1}=i$，开阔了数学家的视野，解决了许多数学问题。如负数在复数范围内可以开偶次方，因此在复数内加、减、乘、除、乘方、开方六种运算总是可行的；在实数范围内一元n次方程不一定总是有根的，比如$x^2+1=0$在实数范围内就无根。但是在复数范围内一元n次方程总有几个根。复数的建立不仅解决了代数方面的问题，也为其他学科和工程技术解决了许多问题。

自然数、整数、有理数、实数、复数，人类认识的数，在不断地向外膨胀。

亲和数的出现和发展

见诸文字记载的一对亲和数220和284，最早出现在公元300年左右。希腊人伊安布利霍斯对希腊数学家尼科马霍斯（约公元100年）《算术入门》的一书注释中，人们公认，公元前5世纪的毕达哥拉斯学派早已知道这对亲和数了。

亲和数是指一对正整数，它们各自等于对方所有因数之和。如：$220=2^2\times5\times11$，其因数之和$1+2+4+5+10+11+20+22+44+55+110=284$；$284=2^2\times71$，其因数之和$1+2+4+71+142=220$。

传说毕达哥拉斯认为，这样一对数的关系符合“友道”，所以叫做亲和数。有人问他：“什么叫朋友？”他就以这两个数为例，答道：“另一个我。”

古代欧洲人对亲和数很感兴趣，赋予种种神秘色彩。《圣经·创世纪》

说，雅各送给哥哥200只母山羊、20只公山羊和200只母绵羊、20只公绵羊。据说山羊、绵羊数之所以各是220只，是因为隐含着它的亲和数284，以体现送礼人和受礼人之间的亲密关系。

公元9世纪，阿拉伯学者泰比特把希腊文献译成阿拉伯文，提出一个一般法则：如果三个数 $p=3\times2^{(n-1)}-1$，$q=6\times2^{(n-1)}-1$，$r=9\times2^{2n-1}-1$ 都是素数，且 p，$q>2$，那么 2^npq 和 2^nr 就是一对亲和数。现在取 $n=2$，得 $p=5$，$q=11$，$r=71$，且5和11均大于2，则 $2^npq=2^2\times5\times11=220$，$2^nr=2^2\times71=284$，正是亲和数。如果取 $n=4$，可得17296和18416；取 $n=7$，可得9363584和9437056，这两组也是亲和数。

一般认为，17296和18416这对亲和数是费尔马（法国数学家）提出来的。费尔马是在1636年重新发现了泰比特法则。1985年的《国际数学史》杂志上，有人考证极有可能是泰比特第一个发现亲和数17296和18416。

1638年3月11日，笛卡儿在一封信中提出第三对亲和数9363584和9437056。

100多年后，欧拉先于1747年提出一张有30对（包括上述3对）亲和数表格；后又于1750年，分5大类14种情况作全面深入的研究，共求出62对，以后又扩展到64对。

1915年，鲁迪奥验算欧拉的亲和数表，发现其中有两对不成立。

从费尔马以来的数百年间，一代又一代的数学家研究亲和数，他们的工作包括两个方面：寻找新的表达公式和寻找新的亲和数。现在我们已经知道1000多对亲和数了。到1974年为止，人们所知道的最大的一对亲和数是：

$3^4\times5\times11\times5\,281^{19}\times29\times5\,281^{19}\times29\times89$ $(2\times1291\times5\,2811^{19}-1)$

和 $3^4\times5\times11\times5\,281^{19}$ $(2^3\times3^3\times5^2\times1\,291\times5\,281^{19}-1)$

最令人惊讶的是，欧拉之后100多年，16岁的意大利少年尼科劳·帕格尼尼于1866年宣布：他找到了欧拉亲和数数表中没有的亲和数：1184和1210。

直到1913年，迪克森才证明了：较小数小于6233的亲和数只有5对，从小到大排列为：220和284；1184和1210；2620和2924；5020和5564；6232

和6368。

第一对是古希腊数学家毕达哥拉斯发现的，第二对是意大利少年尼科劳·帕格尼尼发现的，后3对是伟大的数学家欧拉发现的。

函数概念的提出与发展

函数概念最初产生于17世纪，这首先应归功于解析几何的创始人法国数学家笛卡尔，但是，最早使用“函数”一词的却是德国数学家莱布尼茨。尽管人们早已在不自觉地使用着函数，但究竟什么是函数，在很长一个时期里并没有形成一个很清晰的概念。大数学家欧拉曾认为“一个变量的函数是一解析表示，由这个变量及一些数或常量用任何规定方式结合而成”。与此同时，欧拉把“用笔画出的线”也叫做函数。到了19世纪，函数概念进一步发展，逐渐发展为现代的函数概念，俄国数学家罗巴切夫斯基最早较为完整地叙述了函数的定义，这时已经非常接近于当今在中学数学课本中所看到的定义了。现代意义上的函数是数学的基础概念之一。在物质世界里常常是一些量依赖于另一些量，即一些量的值随另一些量的值确定而确定。函数就是这种依赖关系的一种数学概括。一般地，非空集合A到B的对应集为函数（或映射），如果f满足：对任意A中元素a，在B中都有一个元素［记为f（a）］与a对应。函数在人们的日常生活中是很常见的，比如经常会看到类似这样的统计数字：某护士每小时量一次病人的体温，可以将6小时所得的结果制成下表：

小时	1	2	3	4	5	6
温度	37.1℃	38℃	37℃	39℃	38℃	37.2℃

这就是一种函数关系。函数关系不一定很有规律，当然也不一定非得用规则的表达式表示出来，实际上，更多的函数是不能用表达式表示出来的。在中学阶段，学习的函数主要都是非常简单和有规律的，比如正比例函数

（$y=\mathrm{k}x$，$\mathrm{k}\neq 0$）、反比例函数（$y=\frac{\mathrm{k}}{x}$，$\mathrm{k}\neq 0$）、一次函数（$y=\mathrm{k}x+\mathrm{b}$，$\mathrm{k}\neq 0$）和二次函数（$y=\mathrm{a}x^2+\mathrm{b}x+\mathrm{c}$，$\mathrm{a}\neq 0$）。函数可以用图像直观地表示出来，我们经常看到用“直方图”表示的函数。

在学习过程中，“描点法”更多地被用来描绘函数的图像，即将满足函数方程的点逐一在直角坐标系中描绘出来，从而得到函数的图像。数与形的结合是研究函数的有效的手段。

运算法则的出现和发展

YUNSUAN FAZE DE CHUXIAN HE FAZHAN

简单地说，运算法则就是为求得一个问题的解决方案明确定义的规则或过程。运算法则是在数已经有了一定的丰富和发展的基础上产生并发展起来的。显而易见，只有数，还远远不能满足现实生活和生产的需要，只有把这些数按照一定的规则联系起来，使之达到一个新的要求，才有可能解决新的问题。因此，在满足现实需要的基础上，运算法则应运而生并快速得到了发展。运算法则的出现和发展极大地推进了人类数学的进程。

代数式的出现与发展

用字母代替数是数学从算术发展到代数的重要标志。比如，用 R 表示一个圆的半径，那么 πR^2 就表示这个圆的面积；如果分别用 a、b 表示直角三角形的两个直角边，则该三角形的面积就是 $\frac{1}{2}ab$。一般地，把用加、减、乘、除、乘方、开方等数学符号联结在一起的表示数的字母组成的式子称为代数式。一个数或一个字母也叫做代数式，比如 πR^2，$\frac{1}{2}ab$，$\sqrt{x}$，a 等。代数式中的字母一般可以任意取值，用给定数值代替代数式里的字母所得到的结果，叫做代数式的值。比如 $a=1$，$b=2$ 时，$\frac{1}{2}ab=1$。

代数式可以分成很多种，没有加减符号联结的代数式叫单项式，比如 x，$3y$ 等；有加减号联结的代数式称为多项式，比如 $2x+1$，$3x^2-x+1$ 等。一般地，形如 $a_nx^n+a_{n-1}x^{n-1}+\cdots+a_1x+a_0$ 的代数式称为关于 x 的一元 n 次多项式（n 为非负整数，$a_n\neq0$）。a_ix^1，为多项式的 i 次项，a_i 称为 i 次项的系数。在小学阶段，学生们钻研最多的是一元二次多项式，比如 $2x^2+3x+1$ 等。代入一元 n 次多项式后所得代数式的值为0 的 x 的值，称为多项式的根。关于多项式根的研究在数学史上曾经持续了好几百年，法国数学家伽罗瓦（1811～1832）在这方面做出了杰出贡献，开创了现代代数学。关于多项式根的研究目前仍然是数学家们关注的热点。

知识点

系数、次数、常数项

代数式中的单项式中的数字因数叫做系数。单项式中所有字母的指数的和叫做它的次数。多项式的系数是含有字母项的整数部分，不含字母的项称作常数项。式子中如果没有数字，就默认为系数是1 或 -1。比如，在单项式 abc 中，系数是1，次数是3。在多项式 $6ab-8c+5d-7$ 中，6、-8、5 分别是含有字母的项 ab、c、d 的系数，而 -7 是常数项。

数学符号的出现和使用

数学除了记数以外，还需要有一套数学符号来表示数和数、数和形的相互关系。

数学符号的发明和使用比数字晚，但是数量多得多。现在常用的有 200

多个，初中数学书里就不下 20 多种。它们都有一段有趣的经历。

例如加号曾经有好几种，现在通用“+”号。

“+”号是由拉丁文“et”（“和”的意思）演变来的。16 世纪，意大利数学家塔塔里亚用意大利文“più”（加的意思）的第一个字母表示加，草为“ψ”。最后都变成了“+”号。

“-”号是从拉丁文“minus”（“减”的意思）演变来的，简写为 m，再省略掉字母，就成了“-”了。

也有人说，卖酒的商人用“-”表示酒桶里的酒卖了多少。以后，当把新酒灌入大桶的时候，就在“-”上加一竖，意思是把原线条勾销，这样就成了个“+”号。

到了 15 世纪，德国数学家魏德美正式确定：“+”用作加号，“-”用作减号。

乘号曾经用过十几种，现在通用两种。一个是“×”，最早是英国数学家奥屈特 1631 年提出的；一个是“·”，最早是英国数学家赫锐奥特首创的。德国数学家莱布尼茨认为：“×”号像拉丁字母“X”，加以反对，而赞成用“·”号。他自己还提出用“∩”表示相乘。可是这个符号现在应用到集合论中去了。

知识点

集合论

集合论是现代数学的一个基本的分支学科，是研究集合（由一堆抽象物件构成的整体）的数学理论，包含集合、元素和成员关系等最基本数学概念。集合论是数学中最富创造性的伟大成果之一，是在 19 世纪末由德国的康托尔创立起来的。如今，集合论的基本概念已渗透到数学的所有领域。

在大多数现代数学的公式化中，集合论提供了要如何描述数学物件的语言，是数学公理化基础构件之一。

到了18世纪，美国数学家欧德莱确定，把“×”作为乘号。他认为“×”是“+”斜起来写，是另一种表示增加的符号。

“÷”最初作为减号，在欧洲大陆长期流行。直到1631年英国数学家奥屈特用“:”表示除或比，另外有人用“—”（除线）表示除。后来瑞士数学家拉哈在他所著的《代数学》里，才根据群众创造，正式将“÷”作为除号。

平方根号曾经用“℞”表示，这是拉丁文“Radix”（根）的首尾两个字母合并起来的。17世纪初叶，法国数学家笛卡儿在他的《几何学》中，第一次用“$\sqrt{\ }$”表示根号。“$\sqrt{\ }$”是由拉丁字母“r”变来的，“—”是括线。

16世纪法国数学家维叶特用“=”表示两个量的差别。可是英国牛津大学数学、修辞学教授列考尔德觉得：用两条平行而又相等的直线来表示两数相等是最合适不过的了，于是等于符号“=”就从1540年开始使用起来。

1591年，法国数学家韦达在著作中大量使用这个符号，才逐渐为人们接受。17世纪德国莱布尼茨广泛使用了“=”号，他还在几何学中用“∽”表示相似，用“≌”表示全等。

大于号“>”和小于号“<”，是1631年英国著名代数学家赫锐奥特创用的，至于“≯”、“≮”、“≠”这三个符号的出现，是很晚很晚的事了。大括号“{ }”和中括号“〔 〕”是代数学创始人之一魏冶德创造的。

计数、记数、计量的形成与发展

计数就是数数。在计数时，无论按什么顺序去计数，只要没有遗漏，没有重复，所得的结果总是唯一的。例如，数一个班的学生人数，可以按年龄由小到大的次序去数，也可以按身高从矮到高的次序去数，结果总是一样的。在计数时，用其他事物代替要数的事物，计数的结果不变。例如，数一个班学生的人数，可以数这个班点名册上的姓名，姓名的个数也就是这个班学生的人数。计数时，最后出现的数就是数得的结果。由于生产或生活的需要，在计数过程中，逐渐形成了各种进位制度；如二进制、五进制、十进制、十二进制、十六进制、六十进制等。通用的是十进制计数法，其特点是满十进一，按照满十进一的规律，把10个一叫做“十”，10个十叫做“百”，10个百叫做“千”，10个千叫做“万”，10个万叫做“十万”、10个十万叫做“百万”，10个百万叫做“千万”，10个千万叫做“亿”……一（个）、十、百、千、万、十万、百万、千万、亿……都是计数单位，相邻两个单位之间的进率都是10。

知识点

进　率

同类的两个计量单位之间，若高级单位是低级单位的若干倍，那么这个倍数数值就叫这两个单位间的进率。在进行单位名称的改写时，就要用到进率。关系是这样的：高级单名数×进率=低级单名数；低级单名数÷进率=高级单名数。

相邻的两个常用长度计量单位的进率是10；相邻的两个常用面积计量单位的进率是100；相邻的两个常用质量计量单位的进率是1 000。

用符号把计数的结果记录下来，就叫做记数。古代有“结绳记数”，我们现在用数字记数，也叫写数。通用的是十进制记数法，是按位值原则用阿拉伯数字书写的。十进，即满十进一，位值原则即同一个数字，由于它在所记数中的位置不同，所表示的数值也不同。例如2，20，200，2000中的“2”，分别表示2个一，2个十，2个百，2个千，由这四个2所组成的数“2222”中，每一个“2”除了它本身的值外，还有一个“位置值”，各个不同的计数单位所占的位置叫做数位，与十进制计数单位相对应的数位是个位、十位、百位、千位、万位…一个多位数从右起第1位是个位，第2位是十位，第3位是百位，第4位是千位……2222这个数，个位上的“2”表示2个一，十位上的“2”表示2个十，百位上的“2”表示2个百，千位上的“2”表示2个千。

计量是把一个未知量和另一个约定的已知量做比较的过程。例如，要量一块布的长度，就要用一把有刻度的尺来量。有刻度的尺是已知量，待量的布的长度是未知量。用尺来量布的过程就是计量。

测量长度要用尺，除了常见的长条形尺以外，还有卷尺、游标卡尺、千分尺等，形状和用处完全不同。游标卡尺测长度，可以准确到0.1毫米；千分尺测长度，可以准确到0.01毫米。

测量容量常用的有量杯、量瓶等。

测量质（重）量的工具就更多了。过去菜市场上有木杆秤，商店柜台上有案秤，地上有台秤，工厂里使用的是大地秤，还有称火车的轨道衡。钢铁厂里把钢水倒进钢包内，重量达几吨到几十吨，加上1 000多度的高温，要马上知道钢水的准确重量，不是一般的秤所能胜任的，就要用电子秤，它可以避免浇铸钢锭时造成短锭报废或余钢回炉的浪费现象。

另外，如计时用的钟表，测定温度的各种温度计，家庭用的电度表、水表等等都是计量工具。

进位制的形成与发展

人类早期，为了数猎物、果实等物体的需要，逐渐产生了数。人的手指是最早的计数工具。随着生产力的不断发展，人们在实践中接触的数目越来越多，也越来越大，因而需要给所有自然数命名。但是自然数有无限多个，如果对于每一个自然数都给一个独立的名称，不仅不方便，而且也不可能，因而产生了用不太多的数字符号来表示任意自然数的要求，于是，在产生记数符号的过程中，逐渐形成了不同的进位制度。可能由于人们常用十个手指来计数的缘故，多数民族都采用了“满十进一”的十进制。

按照十进制计数法，我国是这样给自然数命名的。自然数列的前九个数各给以单独的名称，即：一、二、三、四、五、六、七、八、九；按照“满十进一”规定计数单位。10个一叫做十，10个十叫做百，10个百叫做千，10个千叫做万，10个万叫做十万，10个十万叫做百万，10个百万叫做千万，10个千万叫做万万，再给以新的名称叫做亿，亿以上又有十忆、百亿、千亿等。这样，每四个计数单位组成一级，个、十、百、千级称为个级，万、十万、百万、千万称为万级，亿、十亿、百亿、千亿称为亿级等。

其他自然数的命名，都由前九个数和计数单位组合而成。例如，一个数含有3个千、4个百、5个十、6个一，就称作3 456。并且规定，除个级外，每一级的级名只在这一级的末尾给出。例如，一个数含有5个百万，2个十万，6个万，就称作526万。

世界上许多国家的命数法不是四位一级，而是三位一级，10个千不给新的名称，就叫十千，到千千才给新的名称——密（译音），这样从低到高，依次是：个、十、百（是个级）；千、十千、百千（是千级）；密、十密、百密（是密级）等。

十进位制和二进位制

用十进位制来记数和运算，是大家都很习惯和熟悉的事。十进位制采用“满十进一”的“十进”计数、读数、写数的方法，即相邻的两个单位间的进率是十，有十个记数符号：0、1、2、3、4、5、6、7、8、9，把它们写在不同的数位上，数字所代表的数值就不同。所以，用十个数字与位置相结合，就可以写出一切自然数，是世界各个国家通常使用的一种进位制。

为什么有了十进位制以后，还要有二进位制呢？二进位制是什么样的，它有什么特别呢？二进位制是“满二进一”，写一个二进位制的数只有0和1两个数字，根据位值原则，“一”至“十”各数的写法如下：

一记作1，二记作10，

三记作11，四记作100，

五记作101，六记作110，

七记作111，八记作1 000，

九记作 1 001，十记作 1 010，

用 0 和 1 这两个数字，也可以写出任何数值的数来。

由于二进位制只有两个基本数 0 和 1，这就优于十个数字的十进位制，只要找到有两种稳定状态的元件，就可以用来表示二进位制的数了，在自然界中具有两种稳定状态的元件是很多的，如开关的“开”和“关”，纸带有“有孔”和“无孔”。只需“通电”和“断电”两种信号来表示 0 和 1，所以，二进位制被广泛应用于电子计算机中。

采用二进位制还能使计算简单化。如果用二进位制做加法，对每一位来说只可能有 4 种情况：0 +0 =0，0 +1 =1，1 +0 =1，1 +1 =10。而十进位制做加法，情况就要复杂得多，0 +0，0 +1，0 +2，……1 +0，1 +1，…2 +0，2 +1，2 +2，……3 +0，3 +1，3 +2，……9 +0，9 +1，……9 +9 等 100 种情况。做减法、乘法、除法也同样是二进位制只有几种情况，十进位制有近百种情况。在四则运算中，满足四种情况自然优于满足一百种情况，由于算法简单，也就使电子计算机的运算器结构简单一些。

因此，二进位制的产生，是因为它具有一定的有利条件和适应现代化建设的需要。

十进位制和二进位制是两种不同的进位制。平时，人们习惯使用的是十进位制的数，而电子计算机运算是用二进位制的数，当电子计算机运算后得到二进位制的数以后，人们仍将用十进位制数把它表示出来，所以，两种不同的进位制之间是可以进行换算的，实际上，电子计算机里也配备有将两种进位制进行换算的程序，这是人类智慧的结晶。

二进数和八进数

用几进制写出的数，我们就简称它是几进数，用十进数写出的数，就叫做十进数。二进数和八进数，就是分别用二进制、八进制写出的数。

在一种进位制中，某一单位满一定个数就组成一个相邻较高的单位，这个一定的个数就叫做这种进位制的底数。例如，千进制的底数是 10，八进制的底数是 8，二进制的底数是 2。进位制的底数是 1 以外的任何自然数。

知识点

八进制

八进制是一种计数法，采用0，1，2，3，4，5，6，7八个数码，逢八进位，并且开头一定要以数字0开头。八进制的数较二进制的数书写方便，常应用在电子计算机的计算中。八进制与二进制的互相转换和二进制与十六进制的转换类似，区别在于需要操作的是三位一组而不是四位。

每一种进位制都可以按照位值原则来记数。由于每种进位制底数不同，所用数字个数也不同。十进制要用包括0在内的十个数字；八进制要用包括0在内的八个数字，即1，2，3，4，5，6，7和0；二进制只用1和0两个数字。由于二进制只有两个数字，决定了它的运算法则比较简单，并且由于1和0可以与开和关，有孔和无孔等建立对应关系，所以二进制广泛应用于电子计算机中。但是，用二进制记数位数比较多，使用很不方便，因此，在编制计算机的解题程序和在控制台的实际工作中，在二进制的基础上，有的采用八进制。

为了标明是哪个进位制中的数，一般在数的右下角注出进位制的底数。十进数除特殊需要以外，一般不注出底数。

用二进制记数的原则是“满二进一”，例如，零写作$(0)_2$，一写作$(1)_2$，二写作$(10)_2$，三写作$(11)_2$，四写作$(100)_2$，五写作$(101)_2$，六写作$(110)_2$，七写作$(111)_2$八写作$(1000)_2$。

因为二进制是满二进一，所以二进数的各个数位上的计数单位是：从右边起，第一位是一(2^0)，第二位是二(2^1)，第三位是四(2^2)，第四位是八(2^3)，第五位上是十六(2^4)……

用八进制记数的原则是“满八进一”，例如八写作$(10)_8$，九写作$(11)_8$，六十四写作$(100)_8$。

因为八进制是满八进一，所以，八进数的各个数位上的计数单位是：从右边起，第一位是一(8^0)，第二位是八(8^1)，第三位是六十四(8^2)，第四位是五百一十二(8^3)……

“盈不足术”的作用

如果有人出这样一道题：4个人合买一件12元的礼物，问每人应出多少钱？你会毫不费力地回答：每人应出3元。从代数的角度来看，这只不过是解方程 $4x=12$ 而已，非常简单。但令人惊奇的是，像 $px-q=0$ 这种简单的一次方程问题，在古代却要大费周折，用相当麻烦的办法来解决。

在中世纪的欧洲，为了解 $px-q=0$ 这种类型的问题，有时要用到所谓“双设法”，即通过两次假设以求未知数的方法。这种方法的大意是：设 a_1 和 a_2 是 x 值的两个猜测数，b_1 和 b_2 是误差，这时有

$$\begin{cases} a_1p-q=b_1 & (1) \\ a_2p-q=b_2 & (2) \end{cases}$$

(1) - (2) 得 $p(a_1-a_2)=b_1-b_2$，$p=\frac{b_1-b_2}{a_1-a_2}$。

(1) $\times a_2-$ (2) $\times a_1$，得 $-q(a_2-a_1)=a_2b_1-a_1b_2$ 即 $q=\frac{a_1b_2-a_2b_1}{a_2-a_1}$

因此，$x=\frac{q}{p}=\frac{a_2b_1-a_1b_2}{b_1-b_2}$ 就求出了 x 的值。在代数学的符号系统发展起来之前，“双设法”是中世纪欧洲解决算术问题的一种主要方法，并得到广泛的应用。13世纪著名的意大利数学家斐波那契，最早介绍了这种方法，并把它叫做“阿尔－契丹耶（elchataym）”，这显然是阿拉伯语的音译。因为在11～13世纪，这种方法就引起了阿拉伯数学家的重视，并称之为“契丹算法”。另一方面，我们知道当时阿拉伯人所说的“契丹”，实际上就指的是中国。“契丹算法”就是“中国算法”。由此看来，“双设法”追本溯源应该来自我国，来自我国古代的“盈不足术”。我国的“盈不足术”很可能经由阿拉伯传入欧洲，在欧洲数学发展中起了重要的作用。“盈不足”又称“盈肉”（róu），是我国古代解决“盈亏类”问题的一种算术方法，“盈”就是“多”，“不足”就是“少”。我国古代数学名著《九章算术》里有一章就叫做“盈不

足”，其中第一个问题是：“今有人共买物，人出 8，盈 3；人出 7，不足 4。问人数、物价各几何？”这道题的题意是：现在有几个人合起来买东西。如果每人出 8 元，则多 3 元；如果每人出 7 元，则少 4 元。问人数和物价是多少？《九章算术》给出了这个问题的一般解法，我们用现在的代数式来表示：设每人出 a_1，盈（或不足）b_1；每人出 a_2，盈（或不足）b_2。其中，在盈的情况下，b_1，$b_2>0$，不足时，b_1，$b_2<0$。于是，人数 p 或物价 q 可由下列公式计算出来：

$$p=\frac{b_1-b_2}{a_1-a_2} \qquad q=\frac{a_2b_1-a_1b_2}{a_1-a_2}$$

在上述问题中，由这两个公式可得人数 $p=7$（人），物价 $q=53$（元）。

“盈不足术”是我国古代数学的一项杰出成就。用“盈不足”算法，不仅能解决盈亏类问题，而且还能解决一些较复杂的问题。例如，设好地一亩产粮 150 千克，次地 7 亩产粮 250 千克。现在有一顷地共产粮 5 000 千克，问好地和次地各有多少亩？这道题虽然没有给出“盈”和“不足”的数值，但可以假定有好地 20 亩，次地 80 亩，于是，可算出这种情况应多产粮 $1714\frac{2}{7}$ 斤。如果假定有好地 10 亩，次地 90 亩，则应少产粮 $571\frac{3}{7}$。因此，根据上述公式即可算出好地有 12 亩半，次地有 87 亩半。

当然，应用我们学到的一次方程或二次方程等代数知识，很容易解决日常遇到的算术难题，不必多此一举地再用“盈不足术”了。但在高等数学范围内，有时还要用盈不足术推求高次数字方程或函数实根的近似值。

“重差术”的创造和应用

刘徽是我国三国时代的魏国人，他曾从事度量衡考校工作，研究过天文历法，但主要是研究数学。

知识点

度量衡

度量衡是指用于物体计量长短、容积、轻重的统称。度量衡的发展大约始于父系氏族社会末期。计量长短的器具称为度；测定计算容积的器皿称为量；测量物体轻重的工具称为衡。

最初度量衡单位都与人体相关，如“布手知尺，布指知寸”、“一手之盛谓之溢，两手谓之掬”。显而易见，这时的度量单位是没有统一的。秦朝颁布了统一度量衡的诏书，制定了一套严格的管理制定，自从度量衡才统一起来。

刘徽自幼就学习《九章算术》，对该书有独到的研究，他不迷信古人，对《九章算术》中许多问题的解法不满意，于公元263年完成了《九章算术注》，对《九章算术》的公式和定理给出了合乎逻辑的证明，对其中的重要概念给出了严格的定义，为我国古代数学建立了完备的理论。

刘徽创造了一种测量可望而不可即目标的方法，叫做“重差术”。重差术也叫“海岛算经”，附在《九章算术》之后，共有九个问题。

刘徽说：“凡望极高，测绝深而兼知其远者必用重差，勾股则必以重差为率，故日重差也。”这段话的意思是，重差用于测不可到达物的距离。用两次测量之差，再利用相似比来进行计算。

“海岛算经”的第一个问题是“测海岛高及距离。”题目原文是：

“今有望海岛，立两表齐高三丈，前后相去千步，令后表与前表参相直。从前表却行123步，人目著地取望鸟峰，与表末参合。从后表却行127步，人目著地取望鸟峰，亦与表末参合。问岛高及去表各几何。”按现代数学语言译出，就是：“为了求出海岛上的山峰AB的高度，在D和E处树立标杆DC和EF，标杆高都是3丈，两标杆相距1000步，AB、CD和EF在同一平面内。从标杆DC退后123步到G点，看到鸟峰A和标杆顶端C在

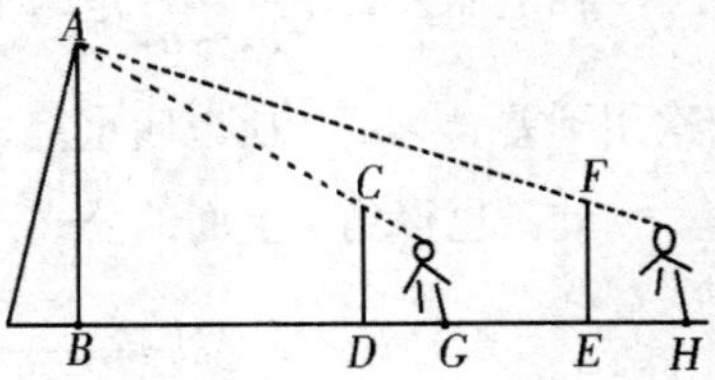

一条直线上；从标杆 FE 退后 127 步到 H 点，也看到鸟峰 A 和标杆顶端正在一条直线上。求鸟峰高 AB 及水平距离 BE。”

为解此题，可令标杆高为 h，两杆标的距离为 d，第一次退 a_1，第二次退 a_2。又设岛高为 x，BE 为 y。

按刘徽的做法是，作 $EL /\!/ AG$ 交 BH 于 L 点。

$\because \triangle ELH \backsim \triangle ACE$

$\triangle EHF \backsim \triangle AEK$

$\therefore \dfrac{EC}{HL} = \dfrac{AE}{EH} \cdot \dfrac{AE}{EH} = \dfrac{AK}{EF}$

$\therefore \dfrac{EC}{HL} = \dfrac{AK}{EF}$

已知 $EC = DF = d$，$HL = FH - FL = FH - DG = a_2 - a_1$，$EF = h$，可得：

$$\frac{d}{a_2 - a_1} = \frac{AK}{h},\ AK = \frac{d}{a_2 - a_1}h$$

$$x = AK + h = \frac{d}{a_2 - a_1}h + h$$

又$\because \triangle CDG \backsim \triangle AKC$

$\therefore \dfrac{KC}{DG} = \dfrac{AK}{CD}$

已知 $KC = y \quad DG = a_1 \quad AK = \dfrac{d}{a_2 - a_1}h \quad CD = h$ 所以

$$\frac{y}{a_1} = \frac{\frac{d}{a_2 - a_1}h}{h}$$

$$y = \frac{d}{a_2 - a_1}a_1$$

在上面公式里$\dfrac{d}{a_2 - a_1}$是两个差数之比，所以叫重差术，也有人说因为两次用到差 $a_2 - a_1$，所以叫重差。

刘徽也得到了上面的公式，其公式为：

$$\text{岛高} = \frac{\text{表高} \times \text{表间}}{\text{后表却行} - \text{前表却行}} + \text{表高}$$

其中“表”就是标杆，“却”就是后退。

将“海岛算经”第一题的数据代入公式，可得 $x=1506$ 步，$y=30750$ 步。

“海岛算经”本来不独立成书，是附在《九章算术》中“勾股”章后面的一个附录，主要讲用勾股定理进行测量的补充和发展。到公元 7 世纪唐朝初年，才从《九章算术》中抽出来成为一部独立著作。因为第一题是关于测量海岛的高和远，所以起名《海岛算经》。

现传本《海岛算经》的九个问题中，有三个问题需要观测两次；有四个问题要观测三次；还有两个问题要观测四次。所有的观测和计算，都是应用相似三角形对应边成比例进行的，虽然没有引入三角函数，但是利用线段之比，同样可得结果。

重差术是我国数学上的一个创造。

几何学的产生及其发展

JIHEXUE DE CHANSHENG JIQI FAZHAN

“几何学”这个名词来自希腊文，本意是“测量土地的技术”。在我国古代，这门数学分科并不叫“几何”，而是叫作“形学”，是关于图形的学科。在原始社会里，人类在生产和生活中，积累了大量有关物体的形状、大小和相互之间的位置关系的知识。例如，古代的人们认识他们的猎物的形状、大小，记住他们的居所与狩猎地区之间的距离，以及打猎地在居住地的那个方位。这就是最初级的几何“知识”。随着人类社会的不断发展，人们对物体的形状、大小和相互之间的位置关系的认识愈来愈丰富，逐渐地积累起较丰富的几何学知识。随着人类社会的逐步发展，几何学的知识也越来越丰富，研究的方面也越来越广阔。如今，几何学早已发展成为了一门独立的学科，并在生产生活中有着广泛的应用。

测绘工具的优先产生

土木工程和工具的制造等都需要测量，而测量又需要一定的几何知识和必要的工具。例如在河南偃师二里头发掘出来的早商时代宫殿遗址，规模宏伟，光是台基面积就约有1万平方米，墙基很直，柱孔排列整齐，分布均匀。这样的大型建筑，必须通过测量才能办到。

早在商代已经有了“规”、“矩”二字的象形文字，据此可推断，“规”“矩”的发明可能还要早得多。在汉代的许多画面上常有“伏羲手执规，女娲手执矩”的图像，规是两脚状，和现在的圆规相似，矩是一直角拐尺形。

公元前2世纪成书的《周髀算经》卷上记载：“……故折矩以为句广三，股修四，径隅五。既方其外，半之一矩，环而共盘，得三、四、五。两矩共长二十有五，是谓积矩。故禹之所以治天下者，此数之所由生也。”这是在禹治天下时有了“勾三股四弦五”这个勾股定理的特例。

商代已普遍使用车子，仅在河南安阳殷墟就几次发现车子的遗迹。制造车子需要用到几何知识。轮是圆的，而辐有毂向外射出把圆周角等份，也把圆周形的轮等份。1972年挖掘出来的车轮有22根圆柱形的辐，排列整齐。车的轮牙一般是由几块弧形构件合成，这就产生了用几段圆弧合并成圆的概念。要做到这一点，事先必须做精细的测绘和必要的计算。但是显然应当使用测绘工具，否则车轮是做不成的。

知识点

圆周角

圆周角是指顶点在圆周上，并且两边都和圆相交的角。圆周角最初叫詹妮特角，后来因为用太多的字母来表示太麻烦，就将这种叫法废除了。圆周角有许多性质，如圆周角度数定理：圆周角的度数等于它所对的弧的度数的一半。同圆或等圆中，同弧或等弧所对的圆周角相等，相等圆周角所对的弧也相等。

测绘方式的产生与发展

西周以后的春秋战国时代由于战争和生产的需要，各地修建了不少堤防和水利工程。为了使各项工程合乎需要，必需进行测量和计算。早在两千四五百年前，水利工程中要进行距离、高低、厚薄、土方等测量，同时还包括工程期限、劳力多少和分配、所需粮食、材料等方面的计算。很显然，在这类工程中会遇到大量的几何问题，必须运用几何知识才能解决。如计算土方实际上就是体积计算。最简单的是立方体，稍复杂一点的是正四棱台，都应当有计算法则。城墙的修筑，同样需要几何知识，《墨子》中有关于城墙、城门、垛口、城楼等一系列的计算问题，都与立体几何有关系。

春秋时期，在一些经济发达的地区已经有了封建生产关系的萌芽。公元前 594 年鲁国（今山东南部）开始实行“初税亩”制度，不论公私田地都要按亩纳税。这就要求人们去研究面积的计算问题。虽然在当时的书籍上还没有找到有关面积计算的记载，但是估计当时对于正方形、长方形、三角形、梯形、圆等的面积计算法则已相继产生了。

在春秋战国之际的遗物中，有各种形状的磨制品，其中最引人注意的是 1971 年在山东临淄郎家庄出土的约公元前 500 ~ 前 400 年的殉人墓中水晶珠。这种水晶珠呈简单的半正多面体形状，通过观察，可知其磨制过程：先把水晶块磨成正六面体，再磨去 8 个角（有一定要求），便成为一种半正多面体。它的表面由 6 个相等的正方形和 8 个相等的正三角形构成，并且所有的二面角都相等。在同一殉人墓中出土的一件漆器上画有很规则的同心圆、正方形、平行线、三角形、平行四边形、菱形、长方形等各种几何图形。

战国时期已经有了很好的技术平面图，例如在一些漆器上有船只、兵器、建筑等图形，其画法符合正投影原理。在河北省出土的战国时中山国墓中的一块铜片上有一幅建筑平面图，表现出很高的制图技巧和几何水平。

知识点

正投影

物体在灯光或日光的照射下会产生影子，而且影子与物体本身的形状有一定的几何关系，人们将这一自然现象加以科学的抽象，得出投影法则。

人们把光源的出发点称为投影中心；投影中心与物体上各点的连线称为投影线；接受投影的面，称为投影面；过物体上各点的投影线与投影面的交点称为这些点的投影。投影分为中心投影和平行投影两大类。所有的投影线都互相平行的投影称为平行投影。平行投影又分为斜投影和正投影两种。当投影线倾斜于投影面时，称斜投影；投影线垂直于投影面时，称正投影。

当时，在制造各种工具、器械、乐器过程中，常常会遇到需要把两个棒形物曲折相接，或者是将金属板、木板做成多边形，这就要用到角的概念。在《考工记》一书中有不少这方面的记载。这本书对于角和几种特殊角都有专门名称，把非直角的角叫着“倨句”，“倨”是钝角，“句”是锐角。直角叫做“倨句中矩”或简称“一矩”，例如“磬氏为磬：倨句一矩有半”。“磬”是古代的一种石制乐器，常把大小不等的几个磬按大小次序为一组吊起来敲打发声。“磬氏”是指制造石磬的工匠。“倨句一矩有半”是指石磬背部的折角的规格，其大小是一个直角（矩）再加上半个直角，相当于$90° + \frac{1}{2} \times 90° = 135°$。在同一书中还有关于车辆规格的记载，包括一些构件角度大小的规定，并且把不同角度的构件取了专门名称。

《考工记》还记有“筑氏为削：合六而成规；天子之弓，合九而成规；诸侯之弓，合七而成构；大夫之弓，合五而成规；士之弓，合三而成规。”是说制造弓的规格，每张弓都成一圆弧形状，使几张弓合在一起构成圆周。但是要根据当时的社会等级的要求去制弓。一般人用的弓六张合在一起为一圆周，天子用的弓九张合在一起为一圆周，等等。这里已经包含着明确的等份圆周概念。如果把弓上弦联在一起考虑，就构成了圆内接正六边形、正九边形、正七边形、正五边形、正三角形。

在春秋战国时代的文献上常常把测量和绘图记载在一起。实际上，两者之间有密切的关系。当时测量的内容已经比较齐全，包括直线测量、水准测量、垂直测量等，分别叫做“绳墨”（或“准绳”），“水”和“悬”等。“绳墨”就是打墨线以取直，“水”是以水平面为标准测量坡度和高程，“悬”是用悬垂的线以定垂直。

由此说明，春秋战国时代，由于社会生产的发展以及兼并战争的需要，已经积累了较为丰富的几何知识。

分形几何的创立

生活在北方的同学对雪花是不陌生的，那晶莹剔透的雪花曾引起无数诗人的赞叹。但若问起雪花的形状是怎样的，能回答上来的同学不一定很多。也许有人会说，雪花是六角形的，这既对，但又不完全对。雪花到底是什么形状呢？1904 年瑞典数学家科赫讲述了一种描述雪花的方法。

先画一个等边三角形，把边长为原来三角形边长的 1/3 的小等边三角形选放在原来三角形的三条边上，由此得到一个六角星；再将这个六角星的每个角上的小等边三角形按上述同样方法变成一个小六角星……如此一直进行下去，就得到了雪花的形状。

从上面的描述过程可以看出：原来雪花的每一部分经过放大都可以与它的整体一模一样，小小的雪花竟然有这么多学问。现在已经有了一个专门的数学学科来研究像雪花这样的图形，这就是 20 世纪 70 年代由美国计算机专家曼德布罗特创立的分形几何。所谓分形几何就是研究不规则曲线的几何学。目前分形几何已经在很多领域得到了应用。

射影几何的创立

射影几何具有悠久的发展历史。古希腊时代的数学家欧几里得和阿波罗尼奥斯就都有一些属于射影几何的发现。到 17 世纪，法国数学家德扎格和帕斯卡始创射影几何。1639 年，德扎格通过对透视的研究，建立了无穷远点和射影空间的概念。1640 年，年仅 17 岁的帕斯卡发现了著名的帕斯卡定理，从此产生了一个优美的数学学科——射影几何，并在 19 世纪得到很大发展。射影几何主要包含3个基本定理，即帕斯卡定理、德扎格定理和帕普斯定理。

知识点

射影几何

射影几何是研究图形的射影性质，即它们经过射影变换后，依然保持不变的图形性质的几何学分支学科。透视、投影和截影是其主要概念。十七世纪射影几何成为独立的学科，并成为几何学的一个重要分支，十九世纪开始射影几何趋于完备。

在几何学中，射影几何处于一个特殊的地位，通过它可以把其他一些几何学联系起来。在航空、测量、绘图、摄影等方面有广泛的应用。

帕斯卡定理：设$ABCDEF$是$\odot O$的内接六边形。对边AB和DE交于点X，对边BC和EF交于点Y，对边CD和AF交于点Z，则X、Y和Z在一条直线上。

德扎格定理：设ΔABC和$\Delta A'B'C'$的对应顶点连线AA'、BB'和CC'交于一点，则三组对应边的交点在同一条直线上。

帕普斯定理：设A、C、E是一条直线上的三个点，B、D、F是另一条直线上的三个点。如果直线AB、CD、EF分别与DE、FA、BC相交，则三个交点L、M、N共线。

解析几何的建立

解析几何的建立标志着数学已从常量数学时期进入变量数学时期。解析几何的发明者是法国数学家笛卡儿。

笛卡儿，1596年3月31日生于法国的一个小城市，从小喜爱科学。8岁时进入一所教会学校，在那里他认识了一些好朋友，经常在一起谈天说地，试图探索世界的奥秘。其中有一位就是梅森（后来，也是有名的数学家）。高中毕业后，进入普瓦界大学读法律，20岁时大学毕业去巴黎当律师。当时有种风气，有志之士，不是致力于宗教就是献身于军事。也许，笛卡儿不满于法国的政治状态，1617年，他到了荷兰，投入奥伦茨的部队，当了一名士兵。

有一天笛卡儿在街上散步，被路旁一张海报所吸引。可是他不懂荷兰文，只能从大家的议论中听出，好像是有关解数学题的挑战书，便请教旁边的中年人，巧得很，此人就是当时有名的别克曼教授。教授告诉他："这可是一道难题啊，你有兴趣吗?"想不到，笛卡儿没有用多少时间就求得解答，别克曼大为惊奇。从此，笛卡儿开始在别克曼指导下认真研究数学。

这段时期，与其说笛卡儿是个士兵，还不如说他是一名攻读数学的研究生。他终日沉迷在深思之中，考虑哲学和数学问题。日有所思，夜有所梦，一天晚上（这时，他在慕尼黑附近的军营中）他接连做了几个梦。传说他梦见一只黑色的苍蝇疾飞着，眼前留下了苍蝇飞过的痕迹，时而是直线，时而是曲线，时而又停下来留下一个黑点。笛卡儿从梦中惊醒，他意识到直线和曲线均可由点的运动而成，笛卡儿在回忆录中写道："第二天，我开始懂得这惊人发现的基本原理"，这就是指他得到建立解析几何的线索。

1621年，笛卡儿终于脱离军队，返回法国。

他回到巴黎后，重遇好朋友梅森等人，参加了他们的数学集团。因为不满于法国的环境，到了1628年，他又移居荷兰，潜心研究哲学及数学，埋头写作4年之久。1649年笛卡儿被邀请出版了《更好地指导推理和寻求科学真理的方法论》，其中有一个附录是《几何学》，这就是现今解析几何的起点。

当时，"几何学"一词，并不专指现在的"几何"而言，它和"数学"是同义语。正像我国古代"算术"和"数学"是同义语一样。

《几何学》共分三卷。第一卷讨论尺规作图；第二卷是曲线的性质；第三卷是立体与"超立体"的作图。

笛卡儿的中心思想是要建立起一种普遍的数学，使算术、代数和几何统一起来。他从古代已知的天文和地理的经纬制度出发，指出平面上的点和实数对（x，y）的对应关系。进一步考虑二元方程 F（x，y）$=0$ 的性质，满足这方程的 x、y 值无穷多，当 x 变化时 y 值也跟着改变，x，y 不同的数值所确定的平面上许多不同的点，便构成了一条曲线。这样，一个方程就可以通过几何的直观方法去处理；反过来可以离开几何图形用代数的方法研究曲线的性质，具有某种性质的点相互间有某种关系，这种关系可用一个方程来表示，这就是解析几何的基本思想。

在19世纪解析几何传入我国。1859年李善兰与伟烈亚力合译的《代微积拾级》，是我国第一本解析几何的译本，也是第一本微积分的译本。其中“代”就是指“代数几何”，意思是指用代数方法研究几何，这是解析几何的最初译名。1935年《数学名词》出版后，才确定“解析几何学”这名词，一直沿用至今。

变量的思想是由笛卡儿引入的，但他没有使用变量这一术语。他在《几何学》一书中称一些量为“未知和未定的量”，就相当于现在的变量。

知识点

变　量

变量和常量相对，也称变数，是指没有固定的值，可以改变的量。变量以非数字的符号来表达，一般用拉丁字母。变量的用处在于能一般化描述指令的方式。假如只能使用真实的值，指令只能应用于某些情况下，不具有普遍性，而变量是可以作为某特定种类的值中任何一个的代表形式。

笛卡儿《几何学》第二卷中有这样一个例子：

设直尺 GL 的一端固定在 G 点上，可以绕 G 点旋转。$AK\perp GA$，有一个三角板 CKB 的边 BK 贴在 AK 直线上，上下移动。使直尺通过三角板 BK 边上的固定点，求 GL 与三角板 CK 边（或延长线）交点 C 的轨迹。

笛卡儿选择直线 AB 作为度量点的位置的标准，以 A 作为始点（用现代的术语来说就是以 AB 作坐标轴，A 点作坐标原点）。

作 $NL/\!/CD/\!/GA$。他写道：“因为 CB 和 BA 是两个未知和未定的量，分别命它们为 y 和 x”

又命 $GA=a$，$KL=b$，$NL=c$。因 $c:b=y:BK$，

故 $BK=\frac{b}{c}y$，$BL=\frac{b}{c}y-b$，$AL=x+\frac{b}{c}y-b$

又 $CB:BL=y:(\frac{b}{c}y-b)=GA:AL=a:(x+\frac{b}{c}y-b)$，

故 $\frac{ab}{c}y-ab=xy+\frac{b}{c}y^2-by$，所求的轨迹方程是

$$y^2=cy-\frac{cx}{b}y-ac$$

笛卡儿说这是一条双曲线。

这里可以看到笛卡儿是怎样引入变量的。

在数学上使用“变量”这个词，最早是约翰·贝努利，变量也叫变数，汉语“变数”这个词，是我国数学家李善兰最先使用的，他在《代微积拾级》的译本中说：“代数以甲、乙、丙、丁诸元代已知数，以天、地、人、物诸元代未知数。微分积分以甲、乙、丙、丁诸元代常数，以天、地、人、物诸元代变数。”

恩格斯对笛卡儿的工作给予了极高的评价，他说：“数学中的转折点是笛卡儿的变数。有了变数，运动进入了数学，有了变数，辩证法进入数学……”

拓扑学的建立及发展

简单地说，拓扑学就是研究有形的物体在连续变换下，怎样还能保持性质不变。

几何拓扑学是19世纪形成的一门数学分支，它属于几何学的范畴。有关拓扑学的一些内容早在18世纪就出现了。那时候发现的一些孤立的问题，在后来拓扑学的形成中占着重要的地位。

在数学上，关于哥尼斯堡七桥问题、多面体的欧拉定理、四色问题等都是拓扑学发展史的重要问题。

在拓扑学的发展历史中，还有一个著名而且重要的关于多面体的定理和欧拉有关。这个定理内容是：如果一个凸多面体的顶点数是 v、棱数是 e、面数是 f，那么它们总有这样的关系：$f+v-e=2$。

根据多面体的欧拉定理，可以得出这样一个有趣的事实：只存在五种正多面体。它们是正四面体、正六面体、正八面体、正十二面体、正二十面体。

著名的“四色问题”也是与拓扑学发展有关的问题。四色问题又称四色猜想，是世界近代三大数学难题之一。

四色猜想的提出来自英国。1852 年，毕业于伦敦大学的弗南西斯·格思里来到一家科研单位做地图着色工作时，发现了一种有趣的现象：“看来，每幅地图都可以用四种颜色着色，使得有共同边界的国家都被着上不同的颜色。”

1872 年，英国当时最著名的数学家凯利正式向伦敦数学学会提出了这个问题，于是四色猜想成了世界数学界关注的问题。世界上许多一流的数学家都纷纷参加了四色猜想的大会战。1878 ~ 1880 年两年间，著名律师兼数学家肯普和泰勒两人分别提交了证明四色猜想的论文，宣布证明了四色定理。但后来数学家赫伍德以自己的精确计算指出肯普的证明是错误的。不久，泰勒的证明也被人们否定了。于是，人们开始认识到，这个貌似容易的题目，其实是一个可与费马猜想相媲美的难题。

知识点

费马猜想

费马猜想也叫费马大定理或费马问题，是数论中最著名的世界难题之一。1637 年，法国数学家费马在校订的希腊数学家丢番图的《算术》第Ⅱ卷第 8 命题旁边写道：将一个立方数分为两个立方数，一个四次幂分为两个四次幂，或者一般地将一个高于二次的幂分为两个同次的幂，这是不可能的。关于此，我确信已发现一种美妙的证法，可惜这里空白的地方太小，写不下。费马去世后，人们找不到这个猜想的证明，由此激发起当代和后代许多数学家的兴趣，但谁也没有得到普遍的证法。

进入20世纪以来，科学家们对四色猜想的证明基本上是按照肯普的想法在进行。电子计算机问世以后，由于演算速度迅速提高，加之人机对话的出现，大大加快了对四色猜想证明的进程。1976年，美国数学家阿佩尔与哈肯在美国伊利诺斯大学的两台不同的电子计算机上，用了1 200个小时，作了100亿次判断，终于完成了四色定理的证明。不过不少数学家并不满足于计算机取得的成就，他们认为应该有一种简洁明快的书面证明方法。

上面的几个例子所讲的都是一些和几何图形有关的问题，但这些问题又与传统的几何学不同，而是一些新的几何概念。这些就是"拓扑学"的先声。拓扑学最初是几何学的一个分支，主要研究几何图形在连续变形下保持不变的性质，现在已成为研究连续性现象的重要的数学分支。

拓扑学起初叫形势分析学，是莱布尼茨1679年提出的名词。19世纪中期，黎曼在复函数的研究中强调研究函数和积分就必须研究形势分析学，从此开始了现代拓扑学的系统研究。

拓扑学是从图论演变过来的，它将实体抽象成与其大小、形状无关的点，将连接实体的线路抽象成线，进而研究点、线、面之间的关系。网络拓扑通过结点与通信线路之间的几何关系来表示网络结构，反映出网络中各个实体之间的结构关系。拓扑设计是建设计算机网络的第一步，也是实现各种网络协议的基础，它对网络性能、可靠性与通信代价有很大影响。网络拓扑主要是指通信子网的拓扑构型。

拓扑性质有哪些呢？首先是拓扑等价。在拓扑学里不讨论两个图形全等的概念，但是讨论拓扑等价的概念。比如，尽管圆和方形、三角形的形状、大小不同，在拓扑变换下，它们都是等价图形。换句话讲，就是从拓扑学的角度看，它们是完全一样的。

在一个球面上任选一些点用不相交的线把它们连接起来，这样球面就被这些线分成许多块。在拓扑变换下，点、线、块的数目仍和原来的数目一样，这就是拓扑等价。一般地说，对于任意形状的闭曲面，只要不把曲面撕裂或割破，他的变换就是拓扑变换，就存在拓扑等价。

应该指出，环面不具有这个性质。把环面切开，它不至于分成许多块，只是变成一个弯曲的圆桶形，对于这种情况，我们就说球面不能拓扑的变成环面。所以球面和环面在拓扑学中是不同的曲面。

其次，直线上的点和线的结合关系、顺序关系，在拓扑变换下不变，这是拓扑性质。在拓扑学中曲线和曲面的闭合性质也是拓扑性质。

我们通常讲的平面、曲面通常有两个面，就像一张纸有两个面一样。但德国数学家莫比乌斯（1790—1868）在1858年发现了莫比乌斯曲面。这种曲面就不能用不同的颜色来涂满两个侧面。

拓扑学建立后，由于其他数学学科的发展需要，它也得到了迅速的发展。特别是黎曼创立黎曼几何以后，他把拓扑学概念作为分析函数论的基础，更加促进了拓扑学的发展。

20世纪以来，集合论被引进了拓扑学，为拓扑学开拓了新的面貌。拓扑学的研究就变成了关于任意点集的对应的概念。拓扑学中一些需要精确化描述的问题都可以应用集合来论述。

因为大量自然现象具有连续性，所以拓扑学具有广泛联系各种实际事物的可能性。通过拓扑学的研究，可以阐明空间的集合结构，从而掌握空间之间的函数关系。20世纪30年代以后，数学家对拓扑学的研究更加深入，提出了许多全新的概念。比如，一致性结构概念、抽象距概念和近似空间概念等。有一门数学分支叫做微分几何，是用微分工具来研究曲线、曲面等在一点附近的弯曲情况，而拓扑学是研究曲面的全局联系的情况，因此，这两门学科应该存在某种本质的联系。1945年，美籍中国数学家陈省身建立了代数拓扑和微分几何的联系，并推进了整体几何学的发展。

拓扑学发展到今天，在理论上已经十分明显分成了两个分支。一个分支是偏重于用分析的方法来研究的，叫做点集拓扑学，或者叫做分析拓扑学。另一个分支是偏重于用代数方法来研究的，叫做代数拓扑。现在，这两个分支又有统一的趋势。

数与形的结合及现实应用

SHU YU XING DE JIEHE JI XIANSHI YINGYONG

数与形是数学的两大支柱，奠定了数学的发展。数与形的结合是数学作为一门学科发展的必然趋势，也是生产生活的实际需要，这也大量体现于数形结合在实际问题中的应用。

数形结合是数学解题中常用的思想方法，数形结合的思想可以使某些抽象的数学问题直观化、生动化，能够变抽象思维为形象思维，有助于把握数学问题的本质。很多实例证明，由于使用了数形结合的方法，很多问题迎刃而解，且解法简捷。

无所不在的圆形

圆形，是一个看似简单，实际上却很奇妙的图形。

古代人最早是从太阳、阴历十五的月亮得到圆的概念的。就是现在也还用日、月来形容一些圆的东西，如月门、月琴、日月贝、太阳珊瑚等等。

是什么人作出第一个圆呢？

十几万年前的古人作的石球已经相当圆了。

18 000 年前的山顶洞人曾经在兽牙、砾石和石珠上钻孔，那些孔有的就很圆。

山顶洞人是用一种尖状器转着钻孔的，一面钻不透，再从另一面钻。石器的尖是圆心，它的宽度的一半就是半径，一圈圈地转就可以钻出一个圆的孔。

以后到了陶器时代，许多陶器都是圆的。圆的陶器是将泥土放在一个转盘上制成的。

当人们开始纺线，又制出了圆形的石纺锤或陶纺锤。

6 000 年前的半坡人（在西安）会建造圆形的房子，面积有 10 多平方米。

古代人还发现圆的木头滚着走比较省劲。后来他们在搬运重物的时候，就把几段圆木垫在大树、大石头下面滚着走，这样当然比扛着走省劲得多。

大约在 6 000 年前，美索不达米亚人做出了世界上第一个轮子——圆的木盘。

大约在 4 000 多年前，人们将圆的木盘固定在木架下，这就成了最初的车子。因为轮子的圆心是固定在一根轴上的，而圆心到圆周总是等长的，所以只要道路平坦，车子就可以平稳地前进了。

会作圆，但不一定就懂得圆的性质。古代埃及人就认为；圆，是神赐给人的神圣图形。一直到 2 000 多年前我国的墨子（约公元前 468—前 376 年）才给圆下了一个定义：“一中同长也”。意思是说：圆有一个圆心，圆心到圆周的长都相等。这个定义比希腊数学家欧几里得（约公元前 330—前 275 年）给圆下定义要早 100 年。

圆周率，也就是圆周与直径的比值，是一个非常奇特的数。

《周髀算经》上说“径一周三”，把圆周率看成 3，这只是一个近似值。美索不达米亚人在做第一个轮子的时候，也只知道圆周率是 3。

魏晋时期的刘徽于公元 263 年给《九章算术》作注。他发现“径一周三”只是圆内接正六边形周长和直径的比值。他创立了割圆术，认为圆内接正多边形边数无限增加时，周长就越逼近圆周长。他算到圆内接正 192 边形的圆周率已经接近 3. 14 的数值。

刘徽已经把极限的概念运用于解决实际的数学问题之中，这在世界数学史上也是一项重大的成就。

祖冲之（429 ~ 500）在前人的计算基础上继续推算，求出圆周率在3.1415926与3.1415927之间是世界上最早的七位小数精确值，他还用两个分数值来表示圆周率：$\frac{22}{7}$称为约率，$\frac{355}{113}$称为密率。

请你将这两个分数换算成小数，看它们与今天已知的圆周率有几位小数数字相同？

在欧洲，直到1 000年后的16世纪，德国人鄂图（公元1573年）和安托尼兹才得到这个数值。

现在有了电子计算机，圆周率已经算到了小数点后1 000万位以上了。

重要的外交会议大多以圆桌形式举行。那么，在多种多样的会议形式中为何要选择圆桌形式呢？

圆是由中心到各点距离相同的点构成的，也就是说，围坐在圆桌旁的每个人与圆心距离相等，这象征参加圆桌会议的人是平等的。

下水井盖也大多呈圆形。圆上各点与中心距离相同，所以从各点出发的圆的直径也相同，这种性质同圆桌会议、汽车轮胎一样。而之所以很少将其设计为四边形是因为四边形对角线比四个边要长，所以在打开四边形井盖时井盖很容易掉落进去。

反过来，如果把下水井口制作成圆形并比井盖稍小一些，则无论以什么方式打开，井盖都不会卡在井口，更不会掉落进去。

黄金分割的发现及广泛应用

把一条线段分割为两部分，使其中一部分与全长之比等于另一部分与这部分之比。其比值是$\frac{5^{(\frac{1}{2})}-1}{2}$或$\frac{\sqrt{5}-1}{2}$，取其前三位数字的近似值是0.618。由于按此比例设计的造型十分美丽，因此称为黄金分割，也称为中外比。这是一个十分有趣的数字。

相传黄金分割是在公元前6世纪由古希腊哲学家、数学家毕达哥拉斯学派在五角星中发现的。有一则轶事，说毕达哥拉斯学派的一个成员流落异乡，贫困交加，无力酬谢房主的殷勤照顾，临终时要求房主在门前画一个五角星。若干年后，有同派的人看到这个标志，询问事情的经过，厚报房主而去。从此，五角星被认为是毕达哥拉斯学派兄弟关系的标志，后来它又演变成人和神的标志。这个五角星是一个典型的几何图形，它是由一个五边形的对角线所组成的。如果再仔细观察，五条对角线交叉构成了另外一个五边形。如果我们绘出第二个五边形的对角线，刚才的情况会再次出现。图中各条线段的彼此分割具有稳定性和平衡性。组成五角星的线段，也就是正五边形的对角线，按照一种值得注意的比例相互分割。欧几里得把这一比例称为最大限度的、平凡的比例。在这一比例中，整个线段与其中较长部分的比例和较长部分与较短部分的比例相同，这种关系在如此分割的任何长度的线段中都会出现。这样的分割就称为“黄金分割”，古希腊哲学家柏拉图将其命名为“黄金比”。

我们曾见过很多数学里的黄金比$\varnothing$，它的数值是$\frac{1+\sqrt{5}}{2}$。例如，在代数中有下列情况：

（1）方程$x^2-x-1=0$的正根是$\varnothing$。

（2）一个比它的倒数大1的正数是$\varnothing$。

（3）无穷表达式$\sqrt{1+\sqrt{1+\sqrt{1+\sqrt{1+\cdots}}}}$的值是$\varnothing$。

（4）连分数$1+\cfrac{1}{1+\cfrac{1}{1+\cfrac{1}{1+\cdots}}}$的值是$\varnothing$。

黄金比也出现在线段的研究中，现在列举如下两种情况：

（1）正五边形的对角线与它的边的比是$\varnothing$。

（2）如果把一条已知线段分为两部分，其中长的那一部分与短的那一部分的比等于线段的全长与长的那一部分的比，那么，这个比是$\varnothing$。

黄金分割也被广泛应用在建筑设计、美术、音乐、艺术等方面。例如，在设计工艺品或日用品的宽和长时，常设计成宽与长的比近似为 0.618。在拍照时，常把主要景物摄在接近画面的黄金分割点处，会显得更加协调、悦目；舞台上的报幕员站在舞台宽度的黄金分割点的位置时最美观，音响效果最佳等等。

文艺复兴时期的欧洲，由于绘画艺术的发展，促进了对黄金分割的研究。当时，出现了好几个身兼几何学家的画家，著名的有帕奇欧里、丢勒、达·芬奇等人，他们把几何学上图形的定量分析用到一般绘画艺术，从而给绘画艺术确立了科学的理论基础。

黄金分割在工厂里也有着普遍的应用。例如，“优选法”中常用的“0.618 法”就是黄金分割的一种应用。优选法是中国著名数学家华罗庚教授发明的。它利用反复在线段上取黄金分割点的方法做实验，能较快地找到最佳方案，减少试验次数，节约试验经费。这种方法被广泛地应用于生产与科学研究中，创造了很大的经济价值。

黄金分割与人的关系相当密切。例如，地球表面的纬度范围是 0°～90°，对其进行黄金分割，则 34.38°～55.62°正是地球的黄金地区。无论从平均气温、年日照时数、年降水量、年相对湿度等方面看，都是具备适于人类生活的最佳地区。说来也巧，中国的中原地带也正巧处在这一区域。中原地带历史悠久，英雄辈出，也是历史上群雄并起的兵家必争之地，在中国的历史上留下了许多动听和令人赞叹的史实。

北半球大陆的气温基本上是 1 月最冷，7 月最热，而 1～7 月份的黄金分割点是 4、7 月；若对 7 月至下一年的 1 月进行黄金分割，其黄金分割点是 9、3 月，而实际上每年的 4、5 月份和 9、10 月份也的确是人们选择外出旅游的好季节。

人的身体结构与黄金分割也有十分令人惊叹的密切关系。人的肚脐上与肚脐下的长度比恰为 0.618∶1；咽喉至头顶与咽喉至肚脐的长度之比也为 0.618∶1，膝盖至脚后跟与膝盖至肚脐的长度之比还是为 0.618∶1；肘关节至肩关节与肘关节至中指尖的长度之比仍为 0.618∶1。由此可见，人体存在着肚脐、咽喉、膝盖、肘关节四个黄金分割点。它们也是人们赖以生存的四处要害。

黄金分割在文艺复兴前后，经过阿拉伯人传入欧洲，受到了欧洲人的欢迎，他们称之为“金法”，17 世纪欧洲的一位数学家，甚至称它为“各种算法中最可宝贵的算法”。这种算法在印度称之为“三率法”或“三数法则”，也就是我们现在常说的比例方法。

其实有关“黄金分割”，我国也有记载。虽然没有古希腊的早，但它是我国古代数学家独立创造的，后来传入了印度。经考证，欧洲的比例算法是源于我国而经过印度由阿拉伯传入欧洲的，而不是直接从古希腊传入的。

黄金矩形（Golden Rectangle）的长宽之比为黄金分割率，换言之，矩形的长边为短边 1.618 倍。黄金分割率和黄金矩形能够给画面带来美感，令人愉悦。在很多艺术品以及大自然中都能找到它。希腊雅典的巴特农神庙就是一个很好的例子，达·芬奇的《维特鲁威人》符合黄金矩形。《蒙娜丽莎》的脸也符合黄金矩形，《最后的晚餐》同样也应用了该比例布局。

据说，著名的维纳斯雕像之所以美，是因为她的上半身和下半身的长度是按黄金比分配的。为此，我们取一个正方形 $ABCD$，现在作一个半圆，使它的直径正好在正方形一边 CD 的延长线上，圆周正好通过正方形另两个顶点 A 和 B，此时直径为 MN。那么 C 点把 DN 黄金分割，D 点把 MC 黄金分割。

因为 MN 为半圆的直径，所以

$BC^2 = MC \cdot CN$　　　　　（1）

$\because ABCD$ 为正方形

$\therefore BC = DC$

$DC^2 = MC \cdot CN$　　　　　（2）

由于图形的对称性，所以

$MD = CN$

$MC = DC + MD = DC + CN$　（3）

由（2）式和（3）式，得

$DC^2 = (DC + CN) \cdot CN$

$$\therefore \frac{CN}{DC}=\frac{DC}{DN}$$

因此 C 为 DN 的黄金分割点，同样可以证明 D 为 MC 的黄金分割点。

圆周率的计算与发展

圆周率是什么?

圆周率就是一个圆的“圆周”长度和它的“直径”长度相比的倍数。不论圆的大小如何，这个倍数都是一样的，因而是个“常数”，在数学上名为“π”。它是希腊文“周围”的第一个字母。

在日常生活和生产活动中，圆周率 π 这个数值用途非常广泛，同时也是一个很奇特的数值。

圆周率 π 的数值，该是多少呢?

为了求这个数值，自古以来不知有多少数学家绞尽脑汁，算出了一个比一个更精确的值。一般是利用圆的内接或外切正多边形的周长，近似地代替圆的周长。起初人们以为可以算到底，求出 π 的全值。但是，算来算去，越算越没个完，始终到不了底。直到 18 世纪中叶，才有个德国数学家朗伯，用数学证明 π 是个无理数（无限不循环的小数），按一定的法则，可以无休止地算下去，而不像分数，如$\frac{1}{3}$，虽然也“无尽”，但却简单。

古时候，我国就有“周三径一”之说（即 $\pi=3$）。早在公元前 100 多年（西汉时）的一部《周髀算经》里，就有了这个记载。后来，慢慢知道圆周率应当比 3 略大一点。到了东汉时，我国天文学家、数学家张衡（78—139），应用了一个很妙的数值，说圆周率等于 10 的平方根（即 $\pi=\sqrt{10}=3.16$），这个数值很简便，容易记。魏晋时，我国数学家刘徽，在公元 263 年注《九章算术》时指出，“周三径一”只是内接正六边形周径的比率，由此只能计算出内接正十二边形的面积。为了精密地计算出圆的面积，他创造了割圆术。

他用割圆术计算出圆内接正 192 边形的面积，得圆周率值：$\pi=\frac{157}{50}=3.14$；后来，又计算出圆内接正 3072 边形的面积，得到更精确的圆周率值：$\pi=\frac{3927}{1250}=3.1416$。他这种用圆的内接正多边形的面积，来逼近圆面积的极限观念，在数学上是个很大的创造。

知识点

割圆术

割圆术是指不断倍增圆内接正多边形的边数求出圆周长的方法。割圆术是我国魏晋时期的数学家刘徽首创的。刘徽形容他的“割圆术”说：割之弥细，所失弥少，割之又割，以至于不可割，则与圆合体，而无所失矣。从理论上讲，割圆术是可以求出圆周长的精确值的，但实际上却是不可能做到的。

最辉煌的成就，要算南北朝时代的科学家祖冲之（429 ~ 500）推算的圆周率值。他精密地推算出 π 值在 3.1415926 和 3.1415927 之间，无一数字错误，是世界上最早的七位小数精确值。祖冲之的这一成果记载在《缀术》一书中。后来，他又提出两个分数值，一个叫“约率”，$\pi=\frac{22}{7}=3.14$；另一个叫“密率”，$\pi=\frac{355}{113}=3.1415929$。约率和希腊学者阿基米德的圆周率值相同，但密率在欧洲直到 16 世纪，才由法国数学家奥托和荷兰数学家安托尼兹得到，比我国晚了 1 000 多年。现在月球背面的一个山谷，就被命名为“祖冲之”，可见国际上对他的景仰。

15 世纪后，欧洲科学技术蓬勃兴起，所谓方圆学者（求同一面积的一方一圆）日见增多，于是圆周率值也越算越精确，大家都以算出的 π 的小数位数越多越可贵。最突出的要算德国数学家卢多夫，他通过计算正 2^{62} 边形的周长，竟将 π 值的小数算到 35 位，而且经过其他学者核对，无一数字之差。他感到不虚此生，并遗嘱将这 35 位数值刻在他的墓碑上。因此，有的德国人至今还把圆周率值，称为“卢氏值”。

17 世纪中叶以后，由于微积分理论的建立和完善，π 的计算方法有了本质的变化，从计算正多边形的周长转为计算某些收敛级数的部分和。这类计算法大都基于反正切函数的级数展开式：

$$\arctan x = x - \frac{x^3}{3} + \frac{x^5}{5} - \frac{x^7}{7} + \cdots + (-1)^n \frac{x^{2n+1}}{2n+1} + \cdots \quad (|x| \leqslant 1)$$

注意到 $\arctan 1 = \frac{\pi}{4}$，在上式中令 $x = 1$，就得到莱布尼兹公式：

$$\frac{\pi}{4} = 1 - \frac{1}{3} + \frac{1}{5} - \frac{1}{7} + \cdots + \frac{(-1)^n}{2n+1} + \cdots$$

这是用无限级数表示 π 的最简洁的公式，然而它却难以用于计算：它的各项的绝对值减小的速度太慢，以至于用很多项还只能求出粗糙的近似值。于是，人们不断探索更便于近似计算的无限级数来求 π 的值，思路大都是用较小数值的反正切来表示 π。例如，下面这些公式都能导出有效的计算公式：

$$\pi = 20\arctan\frac{1}{7} + 8\arctan\frac{3}{79} \quad \text{（欧拉—维加）}$$

$$= 16\arctan\frac{1}{5} - 4\arctan\frac{1}{239} \quad \text{（马廷）}$$

$$= 16\arctan\frac{1}{5} - 4\arctan\frac{1}{70} + 4\arctan\frac{1}{99} \quad \text{（卢瑟福）}$$

有了微积分理论的这些成果，π 的计算就进入一个新的境界，小数位数增加很快；1706 年就达到 100 位（马廷），1794 年到了 140 位（维加），1824 年到了 152 位（卢瑟福），1844 年到了 205 位（达泽），1853 年到了 440 位（卢瑟福），1855 年到了 500 位（利希特尔）。在 19 世纪圆周率计算的竞赛中，冠军应该属于英国数学家山克司，他用了 15 年功夫，于 1874 年把 π 的值算到了 707 位。很遗憾的是，他算出的数值中第 528 位以后不正确。到了 1947 年，π 的值已经被计算到了 808 位（福克森）。这是电子计算机问世前的最高纪录了。

电子计算机问世以后，用电子计算机来计算圆周率，使 π 的小数位数以惊人的速度增长。早在 1949 年，就有人在一天一夜里算出 2 048 位（其中 2037 位正确）；到了 1967 年，π 的值被算到了 50 万位，1988 年到了 2 亿多位，1989 年到 10 亿多位……

圆周率被计算到如此精确的地步，是我们的先人所想象不到的，也超出了任何实际应用的需要。这类计算，与其说是探索 π 的奥秘，不如说是对计算机性能的考验。

勾股定理的发现及应用

1995 年希腊发行了一张邮票，图案是由三个棋盘排列而成，这张邮票是为了纪念 2 000 多年前古希腊数学家毕达哥拉斯发现勾股定理而发行的。邮票中下面的正方形分成了 25 个小正方形，上面两个正方形，一个分成 16 个小正方形，另一个分成 9 个小正方形。每个小正方形面积都相等。9 + 16 = 25，说明上面两个正方形的面积和等于下面大正方形的面积。从另一个角度看，这三个正方形的边围成了一个直角三角形，该直角三角形三边长分别是 3，4，5。由 $3^2=9$，$4^2=16$，$5^2=25$ 可知，这个直角三角形两直角边平方和等于斜边平方，这就是著名的勾股定理。

传说，有一次毕达哥拉斯去朋友家做客，客人们高谈阔论，又吃又喝，唯独毕达哥拉斯独自一个人望着方砖地发愣。他用棍在地上勾出一个图形，中间有一个直角三角形 *ABC*。在直角三角形 *ABC* 的每条边上，都有一个正方形，BC^2 等于正方形 *BCDE* 的面积，正方形 *BCDE* 是由两黑两白四个三角形组成的。AB^2 等于正方形 *ABFG* 的面积，它由两个黑色三角形组成。同样 AC^2 等于正方形 *ACHM* 的面积，它也由两个黑色三角形组成。由于白三角形和黑三角形面积相等，因此有 *DEBC* 的面积 = *ABFG* 的面积 + *ACHM* 的面积。也就是

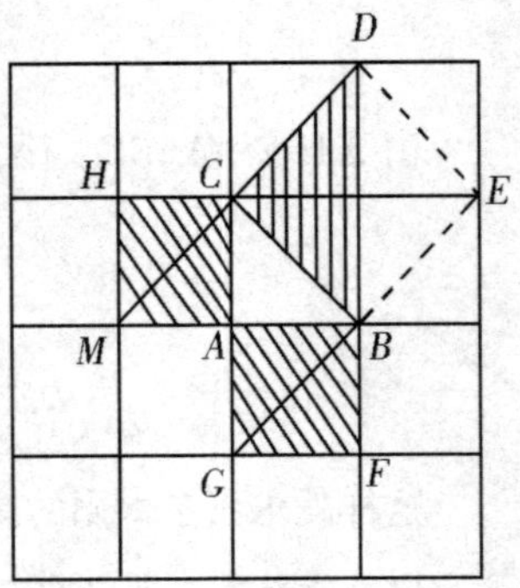

$AB^2+AC^2=BC^2$。

方砖地的启示使毕达哥拉斯得到了勾股定理。毕达哥拉斯认为这个定理太重要了，他所以能发现这个重要定理，一定是“神”给予了启示，于是他下令杀100头牛祭祀天神，起名为“百牛定理”，也叫做“毕达哥拉斯定理”。

其实，这个定理不独是毕达哥拉斯发现的。2 000 多年前我国周代人测日高的方法就有勾股定理的应用，可知我国是最早使用勾股定理的。

由于受科学水平的限制，周代人还不知道地球是圆的，认为地面就是一个大平面。他们于农历夏至时在地面上立一根2.67米长的标杆，测量出标杆的影子长度为2米。又假设把标杆每向南移动500千米，日影就要缩短0.33厘米。由于标杆的影长为2米，如果我们把标杆连续向南移动60个1 000里（1里=500米），即6万里的话，标杆的影长就缩短为零了，这时标杆就跑到了太阳的正下方。

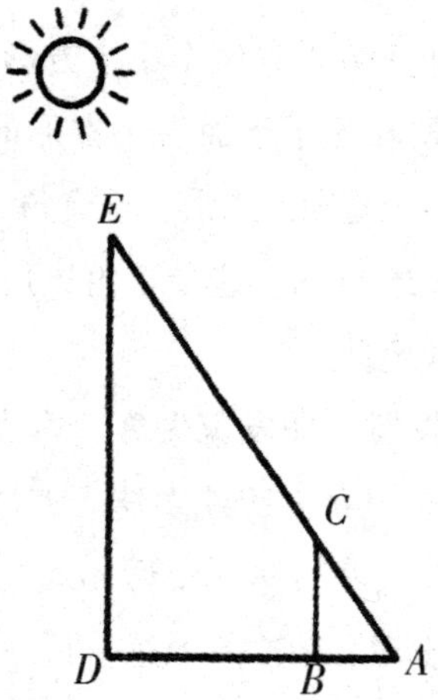

由$\Delta ADE\backsim\Delta ABC$，得：

$$\frac{DE}{BC}=\frac{AD}{AB}$$

$$DE=\frac{BC\times AD}{AB}=\frac{8\times 6}{6}=8\text{（万里）}$$

这样就求出了太阳的高度为8万里（约合40 000 000米）。

以上求法最早见于我国的《周髀算经》，该书记载了2 000多年前我国在数学和天文学方面的许多重要成就，内容十分丰富。书中除了求出了太阳距地面的垂直高度为 8 万里，还进一步求出了太阳到 A 点的距离 AE：

$$AE = \sqrt{ED^2 + AD^2}$$

$$= \sqrt{6^2 + 8^2} = 10 \text{（万里）}$$

就是说太阳到测量地点的距离为 10 万里。

《周髀算经》中把太阳高度 ED 叫做“股”，把 AD 叫做“勾”，斜边 AE 叫做“弦”，得到关系式勾^2 + 股^2 = 弦^2，也就是 $AE^2 = DE^2 + DA^2$，这就是著名的“勾股定理”。勾股定理给出了直角三角形三条边的确定关系。勾股定理的发现是我们的祖先对数学的一大贡献。

日高八万里对不对呢？不对。现代测得太阳光大约需要 8 分钟才能到达地球。光每秒钟走 30 万千米，8 分钟是 480 秒，由此可算得太阳到地球的距离大约等于 $30 \times 480 = 14000$（万千米），即 1.44 亿千米。8 万里合 4 万千米，与 1.44 亿千米相差太大了。周代人错在哪里呢？（一）“假设标杆向南移动 500 千米，日影缩短一寸”是错误的；（二）大地是个球面，但周代人把它看成了平面，这也是错误的。但是他们所使用的数学原理却是完全正确的。

“勾股定理”用语言叙述是：在一个直角三角形中，两直角边的平方和等于斜边的平方。或说成“勾方加股方等于弦方”。勾股定理的逆定理也是对的，即“在一个三角形中，如果有两条边的平方和等于第三边的平方，那么第三边所对的角必定是直角。”这个逆定理也早就被古埃及人发现了，他们利用这个定理来做直角。方法是取三边分别为 3，4，5（长度单位不限）构成一个三角形，长边所对的角就是直角。

古埃及定直角的方法至今还在许多地方使用着。比如盖房子时先要定好地基，地基多是长方形的。怎样检查地基所划出的长方形每个角都是直角呢？在长方形的各个顶点插上木棍，圈上绳子。另取一段绳子 EF，组成一个三角形 AEF，测量 AE，AF，EF 的长度，计算它们是否符合

$$EF^2 = AE^2 + AF^2$$

如果符合，则 $\angle A$ 是直角；如果不符合，则 $\angle A$ 不是直角，还需要调整。

是不是只有 3，4，5 才能满足勾股定理呢？显然不是，比如 5，12，13

也满足勾股定理，算一算：$5^2=5$，$12^2=144$，$13^2=169$。

$\because 25+144=169$

$\therefore 5^2+12^2=13^2$

人们把满足 $a^2+b^2=c^2$ 的一组数 a，b，c 叫做“勾股数”。

知识点

“∽”

∽是两个图形相似的符号，相似是相类、相像的意思。数学上解释为如果两个图形形状相同，但大小不一定相等，那么定义为这两个图形相似。如果两个图形相似，会有很多独特的性质，如，两个多边形相似，那么它们的对应角相等，对应边的比相等，周长比等于相似比（对应边的比），面积比等于相似比的平方。

球体积计算公式的提出及证明

数学家刘徽在注《九章算术》时，研究了球体积公式。在《九章算术》中，提出了 $V=\frac{9}{16}d^2$ 的球体积计算公式。从这个公式可以看出，当时把足球的体积作为它的外切立方体体积的$\frac{9}{16}$倍来计算的，其中“9”实际表示 π^2，因那时人们经常取 $\pi=3$ 进行计算。刘徽首先看出了其中的错误。他发现了一种有趣的立体图形，并把它叫做“牟合方盖”。牟，相等；盖，伞。“牟合方盖”是指两个半径相同，且两轴相互垂直相交的圆柱的公共部分。由于其形状就像把两个方口圆顶的伞对合在一起，故取名为“牟合方盖”。刘徽指出球体积应该等于外切于它的一个牟合方盖体积的$\frac{\pi}{4}$倍，即

$$V_{球}=\frac{\pi}{4}V_{牟}$$

因此，计算球体积的问题归结为计算 V 牟的问题，但刘徽一直没有找到求“牟合方盖”的体积办法。他坦率地说：“欲陋形措意，惧失正理。敢不阙疑？以俟能言者。”希望后世能干的学者能尽快解决。

刘徽研究《九章算术》时曾发现：圆柱、圆锥、圆台的体积分别与同高的外切方柱、方椎、方台的体积之比，等于同高处横截面面积之比，即π∶4。刘徽认为，球体的体积可以通过其他容易求出体积的立体来表示，只要这个立体与球体在同高处的截面面积之比处处相等就可以了。

由于刘徽将球体看作是从圆柱到圆台这一变化过程的继续，因此所要寻找的立体，也应该是从方柱到方台这一变化过程的继续，而且它的截面既应是正方形的，又该与球同高处的截面——圆的面积之比恒为π∶4；这一立体应该是一个中心对称的，且对称中心截面面积为最大，而且截面分别向上、下逐渐缩小的立体。

另外，根据《九章算术》将球体放在外切圆柱及外切立方体之中考察的启发，刘徽醒悟到这立方体应该是内切于立方体的两个直交圆柱的所围部分，即“牟合方盖”了。

“牟合方盖”的发现是一个很了不起的成就，这反映了刘徽已经不是单纯地停留于经验总结，他已经采用了辩证的思维形式。

刘徽之后200多年，他所期望的“能言者”果真出现，那就是祖冲之和他的儿子祖暅（又名祖暅之）。祖暅也是博学多才的数学家，从小就懂得孝敬父母，勤奋学习。传说，在祖冲之临终的时候，祖暅发誓要继承发扬他父亲的成就，一定要让皇帝采纳《大明历》。祖暅的主要工作是对《级术》进行修改、补充，有人还认为《级术》是由祖冲之和祖暅合著的。祖冲之在与戴法兴辩论时曾指出张衡盲从古人，沿用了《九章算术》中错误的球体积公式。看来，祖冲之已经得到了正确的球体积计算公式。但是唐朝李淳风在注《九章算术》时，又说所引用求球体积的方法是祖暅的。现在人们推测很可能是，祖冲之已经明确地知道以前的球体积公式是错误的，并且找到了正确的球体积公式，而祖暅则将它清晰地表达出来，并给出了严格的证明。

祖冲之、祖暅父子，运用“祖暅原理”获得球体积公式。所谓祖暅原理，是指“夹在两个平行平面间的两个立体，被平行于这两个平面的任何平面所截。如果它们的截面面积总相等，那么这两个立体的体积相等”。

西方数学书上称这一原理为“卡瓦列里定理”，他们认为是 17 世纪时意大利数学家卡瓦列里于1635 年最早发现的。实际上，祖暅早于卡瓦列里 1 100 多年前就发现了。

祖暅原理的原文是：“幂势既同，则积不容异。”按现在的话来说，即：二同高的立体，如在等高处的截面积相等则体积也相等。该文原载于祖冲之、祖暅父子撰写的《缀术》一书，《缀术》已失传。唐朝数学家李淳风作《九章算术》注时，把祖暅原理及祖暅的由球体积求直径的“开立圆术”引用了进去，这才使这一发明得以流传下来。

祖暅继承了刘徽未完成的事业，求出了“牟合方盖”的体积，从而得到球体积公式。他是这样做的；

取牟合方盖（简称“方盖”）的 1/8，如图（a），设圆柱半径为 R。

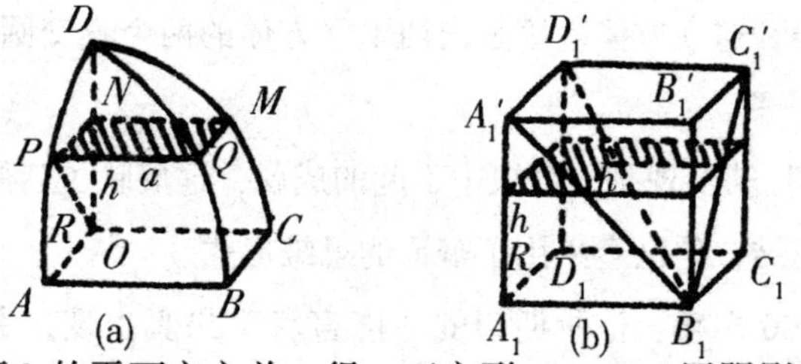

(a) (b)

作一距底面 h 的平面交方盖，得一正方形 $PQMN$（用阴影表示），其边长为 a，则有 $a^2=R^2-h^2$

另作一棱长为 R 的正方体，如图（b），且使它的底面 $A_1B_1C_1D_1$ 与方盖的底 $ABCD$ 在同一平面上。从正方体中挖去一个倒立的四棱锥，得到一个新几何体 C。作一距底面为 A 的截面，交 C 得一曲尺形截面（图 b 中阴影表示），其面积为 $R^2-h^2=a^2$。

由祖暅原理，方盖的$\frac{1}{8}$与 G 等积，而 G 的体积 $=R^3-\frac{1}{3}R^2\times R=\frac{2}{3}R^3$。

所以，牟合方盖的体积 $V_{牟}=8\times\frac{2}{3}R^3=\frac{16}{3}R^3$。

再由刘徽的公式，即可求得：

$$V_{球} = \frac{\pi}{4} V_{牟} = \frac{\pi}{4} \times \frac{16}{4} R^3 = \frac{4}{3} \pi R^3$$

这个球体积公式是数学史上的一个巨大成就，也是我们中华民族对世界科学的伟大贡献。

祖暅原理还可以推广为："夹在两平行平面间的两个立体，被平行于这两个平面的任一平面所截，如果它们的截面面积的比恒为一定值，那么这两个立体的体积之比也等于这个定值。"

三角函数表的产生与发展

早期的三角学是伴随着天文学而产生的。大家熟知，把周角分成360等份，每一份就叫做1度的角。这种做法起源于古代巴比伦人。他们为了建立历法，把圆周分成360等份，就相当于把周角分成360等份。为什么要把圆周分成360等份？有几种解释。有人认为巴比伦人最初以360天为一年，将圆周分为360等份，太阳每天行一"等份"。另一种意见认为巴比伦人很早就知道每年有365天，所以上面的说法是不可信的。较多的数学史家认为，比较起来，下面的说法似乎更有道理。在古巴比伦时代，曾有一种很大的距离单位——巴比伦里，差不多等于现在的英里的7倍，由于巴比伦里被用来测量较长的距离，很自然，它也成为一种时间单位，即走一巴比伦里所需的时间。后来，在公元前1 000年内，当巴比伦天文学达到了保存天象系统记录的阶段时，巴比伦"时间里"，就是用来测量时间长短的。因为发现一整天等于12个"时间里"，并且一整天等于地球绕太阳转一周；所以，一个完整的圆周以"时间里"为单位可被分成12等份。但是为了方便起见，巴比伦"时间里"又被分成30等份，于是，便把一个完全的圆周分为$12 \times 30 = 360$等份。

后来，每一等份变成了"度"。"度"来自拉丁文，原来是"步"、"级"的意思。

三角学的最早奠基者是古希腊天文学家依巴谷。为了天文观测的需要，他作了一个和现今三角函数表相仿的“弦表”，就是在固定的圆内，不同圆心角所对弦长的表。相当于现在圆心角一半的正弦线的两倍，可惜这表没有保存下来。

托勒玫是古代天文学的集大成者。他继承、发展了前贤特别是依巴谷的成就，汇编了《天文集》。按照托勒玫的说法和用法，依巴谷采用了巴比伦的60进位制：把圆周分为360等份，从而圆弧所对的圆心角就有了度量；把半径分成60等份，这样就可用半径的多少等份来表示圆心角所对的弦长，即用半径的$\frac{1}{60}$作为度量弦长的单位。例如60°角所对的弦长就是圆内接正六边形的一边之长，应该是60个单位，相当于现在30°角的正弦是$\frac{1}{2}$；90°角所对的弦长是圆内接正方形一边之长，应该是$60\sqrt{2}$个单位。

为了提高计算弦长的精确程度，托勒玫把半径分为60等份后，又把每一份分为60小份，每一小份再按60进位制分为更小的份，以此类推。把这些小份依次叫做“第一小份”、“第二小份”。后来“第一小份”变成了“分”(minute)，“第二小份”变成了“秒”(second)，这就是“分、秒”名称的来源。现在英文里minute这个字仍然有“分”和“微小”两种意义，second这个字有“秒”和“第二”两种意义。

用符号“°”、“′”、“″”表示度、分、秒，是从1570年卡拉木开始的。这已在托勒玫之后1400年了。

托勒玫是在托勒玫定理的基础上，按下面方法造出弦表的。

如图，先取以AD为直径的特殊的内接四边$ABCD$。设AD、AB，AC已知，则CD、BD利用勾股定理很易求出。这样，图中6个长度已知5个，故利用托勒玫定理可求出第六个长度BC，但$\overset{\frown}{BC}=\overset{\frown}{AC}-\overset{\frown}{AB}$所以若两弧的弦是已知时，便可算出两弦之差的弦。托勒玫指出怎样从圆的任意一给定的弦，求出相应半弦所对的弦；怎样从$\overset{\frown}{AB}$的弦和$\overset{\frown}{BC}$的弦，求出$\overset{\frown}{AC}$的弦，实质上托勒玫已经得到与下列公式

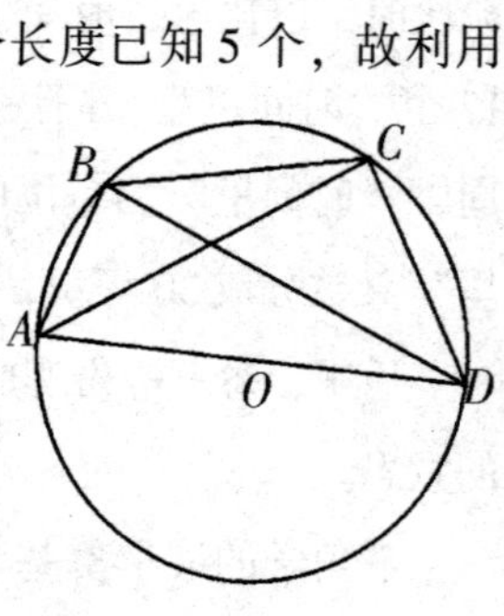

$\sin^2 x + \cos^2 x = 1$

$\sin(x - y) = \sin x\cos y - \cos x\sin y$,

$\cos(x + y) = \cos x\cos y = \sin x\sin y$,

$\sin^2 \frac{x}{2} = \frac{1}{2}(1 - \cos x)$

等价的关系。

托勒玫利用圆内接正五边形和正十边形的边长推导对36°弧和72°弧的弦长；从72°弧的弦和60°弧的弦，利用差角公式算出对12°弧的弦长；从12°弧的弦平分数次得出对 $(\frac{3}{4})°$ 弧的弦。因此，他能给任一已知弦所对的弧加上(或减去) $(\frac{3}{4})°$ 弧，计算这样两段弧之和（或差）所对的弦值。这样他能算出两个相差 $(\frac{3}{4})°$ 的所有弧所对的弦值，后来，他利用不等式来推理，得出了从0°到90°每隔半度的弦表。这就是第一个三角函数表。

公元5世纪印度数学家阿利耶毗陀对三角学贡献很大，制作了一个正弦表。他依照巴比伦人和希腊人的习惯，将圆周分为360度，每度为60份，整个圆周分为21 600份，再由 $2\pi\lambda = 21\ 600$，可得半径 $\lambda = 3437.746$（他知道圆周率 π 的近似值为3.1416，人们推测这是从中国流传到印度的）。略去小数部分，取近似值 $\lambda = 3438$，依此计算第一象限内每隔3°45′的正弦长。他的方法是用勾股定理算出特殊角30°，45°，60°，90°的正弦，如 $\sin 30° = 1719$ 个单位，$\sin 45° = 2431$ 个单位（这里把 λ 作为3438个单位），然后再用半角公式计算较小角度的正弦。

知识点

圆周率

圆周率通常用 π 来表示，是一个在数学及物理学普遍存在的数学常数。它的定义是圆形的周长与该圆的直径之比。它也等于圆形的面积与半径平方之比。

圆周率是精确计算圆周长、圆面积、球体积等几何形状的关键值。圆周率是一个无限不循环小数，在日常生活中通常用 3.14 来代表圆周率来进行计算。

印度人的正弦表比希腊人的弦表有所改进，他们是计算半弦（相当于现在的正弦线）而不是全弦的长。

本来，在印度文中，半弦是猎人的弓弦的意思。后来印度的书大量译成阿拉伯文，辗转传抄，意思搞错了。12 世纪时，意大利人柏拉图又将这个字译成拉丁文"sinus"，它和当初印度人弓弦的意义已相差很大。

1631 年邓玉函和汤若望等人编的《大测》一书，将 sinus 译为"正半弦"和"前半弦"，简称为"正弦"，这是我国"正弦"这一术语的由来。

中亚细亚的著名天文家阿尔·巴坦尼在三角方面也有很大贡献，他曾著《星的科学》一书，书中有很多三角内容。

阿尔·巴坦尼树立一根杆子在地上，求日影 b，以测定太阳的仰角。阴影 b 的拉丁译名叫做"直阴影"，而水平插在墙上的杆子投影在墙上的影叫"反阴影"。"直阴影"后来变成"余切"，"反阴影"变成正切。公元 920 年左右，阿尔·巴坦尼造出自 0°到 90°每相隔 1°的余切表。

稍后，中亚细亚的另一位著名天文学家、三角学者阿布尔·威发计算了每隔 10′ 的正切表。14 世纪末叶，贴木儿帝国的兀鲁伯（贴木尔的孙子）在撒马尔罕建立一座当时世界上规模最大的天文台。他聚集了 100 多名学者，组织无与伦比的天文观测和数学用表的计算。他造了 0°到 45°之间每隔 1′、45°到 90°之间每隔 5′ 的正切表。

14 世纪时，欧洲早期的三角学者、英国人布拉瓦丁开始将正切和余切引入三角计算中。

16 世纪时，伟大的天文学家哥白尼的学生利提克斯见到当时天文观测日益精密，迫切需要推算详细的三角函数表，并花费了大量时间来推算正弦、正切及正割表。可惜，他未能在生前完成，直到 1596 年才由他的弟子完成，公布于世。

现代三角函数表是后来经过多次改进、演变而成的。

高斯等分正 17 边形

1801 年，高斯在他的代表作《算术研究》一书中解决了用圆规直尺对圆周进行 17 等分的千年难题。欧几里得时代，已经有用规尺把圆周三等分和五等分的做法，令人不解的是在以后的 2 000 多年当中，几何学家谁也不会用规尺把圆周 17 等分。高斯 19 岁时用代数方法解决了这一问题，轰动了当时的数学界。高斯逝世后，人们为了缅怀这位“数学家之王”，在他的墓碑上刻了一个正 17 边形的美丽图案。

用复数 $a+ib$ 表示坐标为（a，b）的点，$a+ib$ 可以写成

$$a+\mathrm{i}b=r\ (\cos\theta+\mathrm{i}\sin\theta)$$

其中 $r=\sqrt{a^2+b^2}$ 是点（a，b）到原点的距离，θ 是点（a，b）的向径与 x 轴之夹角。单位圆上的点可用 $\cos\theta+\mathrm{i}\sin\theta$ 来表示。

棣美弗（1667～1754）给出复数 n 次幂公式

$$(\cos\varphi+\mathrm{i}\sin\varphi)^n=\cos n\varphi+\mathrm{i}\sin n\varphi$$

正 n 边形的一个顶点在（1，0），则它的全体顶点是

$$\varepsilon_1=\cos\varphi+\mathrm{i}\sin\varphi$$

$$\varepsilon_2=\cos2\varphi+\mathrm{i}\sin2\varphi$$

$$\varepsilon_3=\cos3\varphi+\mathrm{i}\sin3\varphi$$

……

$$\varepsilon_{n-1}=\cos\ (n-1)\ \varphi+\mathrm{i}\sin\ (n-1)\ \varphi$$

$$\varepsilon_n=\cos n\varphi+\mathrm{i}\sin n\varphi=1,\ \varphi=\frac{2\pi}{n}$$

于是此正 n 边形的顶点是方程 $Z^n=1$ 的 n 个根。我们只需求出 $Z^n=1$ 的除 1 之外的其他 $n-1$ 个根，则可以画出一个正 n 边形了，这 $n-1$ 个根满足

$$\frac{Z^n-1}{Z-1}=Z^{n-1}+Z^{n-2}+\cdots+Z^2+Z+1=0$$

为得到正 17 边形，应该解方程

$$Z^{16}+Z^{15}+\cdots+Z^{2}+Z+1=0$$

取 $\varphi=\frac{2\pi}{17}$，$\varepsilon=\varepsilon_1=\cos\varphi+i\sin\varphi$　ε_1，ε_2，…，ε_{17}为 17 边形的顶点（$\varepsilon_0=\varepsilon_{17}$）。

考虑下列各点：

$Z_0=\varepsilon$，$Z_1=\varepsilon^3$，$Z_2=\varepsilon^9$，$Z_3=\varepsilon^{10}$，$Z_4=\varepsilon^{13}$，$Z_5=\varepsilon^5$，$Z_6=\varepsilon^{15}$，$Z_7=\varepsilon^{11}$，$Z_8=\varepsilon^{16}$，$Z_9=\varepsilon^{14}$，$Z_{10}=\varepsilon^8$，$Z_{11}=\varepsilon^7$，$Z_{12}=\varepsilon^4$，$Z_{13}=\varepsilon^{12}$，$Z_{14}=\varepsilon^2$，$Z_{15}=\varepsilon^6$

不难验证 $Z_i^{\,3}=Z_{i+1}$，$i=0$，1，2，…15。令

$x_1=Z_1+Z_3+Z_5+Z_7+Z_9+Z_{11}+Z_{13}+Z_{15}=\varepsilon^3+\varepsilon^{10}+\varepsilon^5+\varepsilon^{11}+\varepsilon^{14}+\varepsilon^7+\varepsilon^{12}+\varepsilon^6$，

$x_2=Z_0+Z_2+Z_4+Z_6+Z_8+Z_{10}+Z_{12}+Z_{14}=\varepsilon+\varepsilon^9+\varepsilon^{13}+\varepsilon^{15}+\varepsilon^{16}+\varepsilon^8+\varepsilon^4+\varepsilon^2$，

由于 Z_i（$i=0$，1，2，…，15）是（2. 3）的根，故

$x_1+x_2=-1$

经计算得知

$x_1x_2=-4$

所以，x_1，x_2 是两次方程 $x^2+x-4=0$ 的两个根。

$x_1=\frac{-1-\sqrt{11}}{2}$，$x_2=\frac{-1+\sqrt{17}}{2}$

$u+v=17$ 时，ε^u 与 ε^v 关于实轴对称见下图。

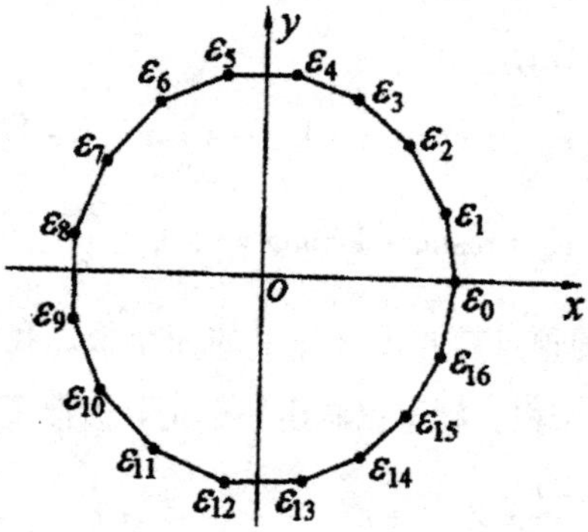

考虑

$$U = Z_0 + Z_4 + Z_8 + Z_{12} = \varepsilon + \varepsilon^{13} + \varepsilon^{16} + \varepsilon^4$$

$$u = Z_2 + Z_6 + Z_{10} + Z_{14} = \varepsilon^9 + \varepsilon^{15} + \varepsilon^8 + \varepsilon^2$$

$$V = Z_1 + Z_5 + Z_9 + Z_{13} = \varepsilon^3 + \varepsilon^5 + \varepsilon^{14} + \varepsilon^{12}$$

$$v = Z_3 + Z_7 + Z_{11} + Z_{15} = \varepsilon^{10} + \varepsilon^{11} + \varepsilon^7 + \varepsilon^6$$

于是

$$U + u = x_2,\ V + v = x_1$$

$$Uu = Vv = \varepsilon^1 + \varepsilon^2 + \cdots \varepsilon^{16} = -1$$

U 与 x 是二次方程 $t^2 - x_2 t - 1 = 0$ 的解；V 与 v 是二次方程 $t^2 - x_1 t - 1 = 0$ 的解。解得

$$U = \frac{x_2 + \sqrt{x_2^2 + 4}}{2},\ u = \frac{x_2 - \sqrt{x_2^2 + 4}}{2}$$

$$V = \frac{x_1 + \sqrt{x_1^2 + 4}}{2},\ v = \frac{x_1 - \sqrt{x_1^2 + 4}}{2}$$

令

$$W = Z_0 + Z_8 = \varepsilon + \varepsilon^{16},\ \omega = Z_4 + Z_{12} = \varepsilon^{13} + \varepsilon^4$$

则 $W + \omega = U$，$W\omega = V$，W 与 ω 是方程 $t^2 - Ut + V = 0$ 的两个实根，$W = \frac{U + \sqrt{U^2 - 4V}}{2}$，$\omega = \frac{U - \sqrt{U^2 - 4V}}{2}$。

由以上分析可得正 17 边形的做法步骤如下：

（1）用规尺作线段 $x_1 = \frac{-1 - \sqrt{17}}{2}$，$x_2 = \frac{-1 + \sqrt{17}}{2}$（已知圆半径为 1）。

（2）用规尺作线段 U，V。

（3）用规尺作线段 W。

（4）在实轴上标出 W 点，作 OW 的垂直平分线与单位圆交于 A，B 两点，从（1，0）点到 A 点（或 B 点）的弦即为此圆内接正 17 边形的边长。

高斯的上述做法是几何、代数与复数的完美结合之典范。等分圆周的问题并非同一档次的问题，有的平凡原始，例如三等分、四等分和五等分，有

的则植根于深刻的理论山巅之上。在代数基本定理（在复数范围内 n 次方程有 n 个根）和复数理论建立之前，任凭欧几里得、阿基米德乃至牛顿等大数学家如何聪明，也未能解决貌似初等的作正 17 边形的问题；数学当中有不少这种性质的问题，表面上看，提法朴素初等，人人可以弄清楚是在要求干什么，甚至和已经解决了的问题似乎同类，但百思不得其解，其难度隐藏在某些尚未发现的数学理论之中，只能等待纯数学搞出那个可以解决该问题的理论之后，才会得出该问题的解法，作正 17 边形和化圆为方等规尺作图就是这种性质的问题。

割圆曲线化圆为方

作一个正方形，使其面积和已知圆的面积相等，这就是化圆为方问题。

问题是数学的灵魂，为了解决化圆为方问题，古希腊数学家希庇亚斯发明了一条称为“割圆曲线”的奇怪曲线（当然这条曲线用规尺是作不成的）。割圆曲线是这样制成的：

把线段 AB 绕 A 点顺时针匀速旋转 90°到 AD 位置，同时与 AD 平行的直线 BC 匀速平移到 AD 位置，动线段 AB 与动直线 BC 的交点形成的曲线称为割圆曲线，见图 1 中的粗实线。在同一时间内，BC 平移到 $B'C'$，AB 转到 AB''，AB''与 $B'C'$交于 E 点，动点 E 的轨迹 BG 即为割圆曲线，它把以 A 为中心的以 AB 为半径的$\frac{1}{4}$圆切割成两块，故有其名谓之割圆曲线。

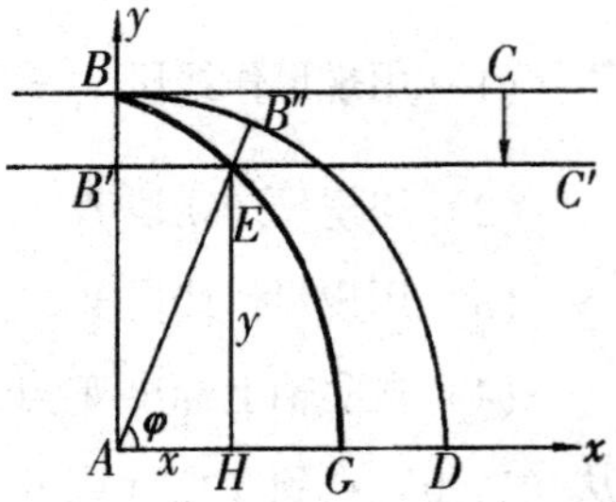

图 1

下面导出割圆曲线的方程。记 $AB = a$，$AH = x$，$EH = y$，$\angle EAD = \varphi$，则 $\tan\varphi = \frac{y}{x}$，$\varphi = \arctan\frac{y}{x}$；又

$$\frac{\varphi}{\frac{\pi}{2}}=\frac{EH}{AB}=\frac{t}{T}$$

其中 T 是 AB 转动 90°所用时间，t 是 AB″转角 φ 所用时间，于是

$$\varphi=\frac{\pi}{2a}y,\ y=\frac{2a}{\pi}\varphi=\frac{2a}{\varphi}\arctan\frac{y}{x}$$

$$y=x\tan\frac{\pi y}{2a}\text{或 }x=\frac{y}{\tan\frac{\pi}{2a}y}$$

下面求 AG 的长度

$$AG=\lim_{y\to0}\frac{y}{\tan\frac{\pi}{2a}y}$$

又 $\tan\frac{\pi}{2a}y=\frac{\sin\frac{\pi}{2a}y}{\cos\frac{\pi}{2a}y}$，而 $\cos\frac{\pi}{2a}y$ 当 $y\to0$ 时以 1 为极限，所以

$$AG=\lim_{y\to0}\frac{y}{\sin\frac{\pi}{2a}y}=\lim_{y\to0}\frac{\frac{\pi}{2a}y}{\sin\frac{\pi}{2a}y}\cdot\frac{2a}{\pi}$$

令 $\frac{\pi}{2a}y=t$，只需求出 $\lim\limits_{y\to0}\frac{\sin t}{t}$。由图 2，$\triangle OAB$ 面积 $=\frac{1}{2}\sin t$，$\triangle OAT$ 面积 $=\frac{1}{2}\tan t$，扇形 OAB 面积 $=\frac{1}{2}t$，所以

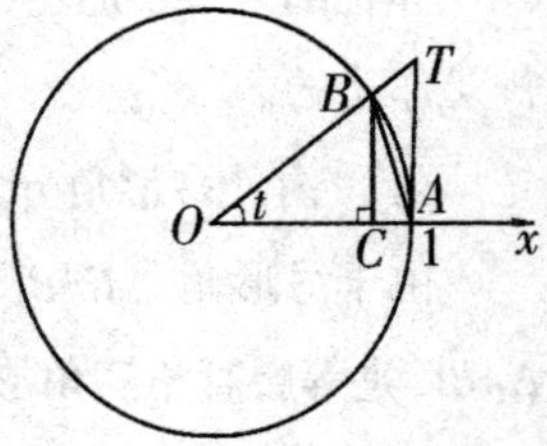

图 2

$$\frac{1}{2}\sin t<\frac{1}{2}t<\frac{1}{2}\tan t$$

$$1<\frac{t}{\sin t}<\frac{1}{\cos t},\ \cos t<\frac{\sin t}{t}<1$$

令 $t\to0$，则

$$1\leqslant\lim_{t\to0}\frac{\sin t}{t}\leqslant1$$

即 $\lim\limits_{t\to0}\frac{\sin t}{t}=1$（显然 t 是负值时，此极限亦为 1）

至此知 $AG=\frac{2a}{\pi}$，于是 AG，AB 皆已知线段，且

$$\frac{AG}{AB}=\frac{AB}{\frac{1}{2}\pi a}$$

割圆曲线作成后，AG 已画出，于是 $\frac{1}{2}\pi a$ 是已知三线段的第四比例项，用规尺可作出长 $\frac{1}{2}\pi a$ 的线段 l，以 l 为长，以 $2a$ 为宽作矩形，则此矩形面积为 πa^2，即为已知圆的面积，令 $b^2=2a$，作 l 与 $2a$ 的比例中项 b，以 b 为边的正方形即与已知圆等积的正方形。

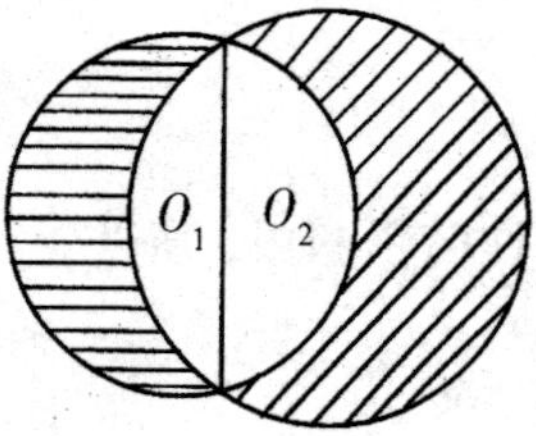

图 3

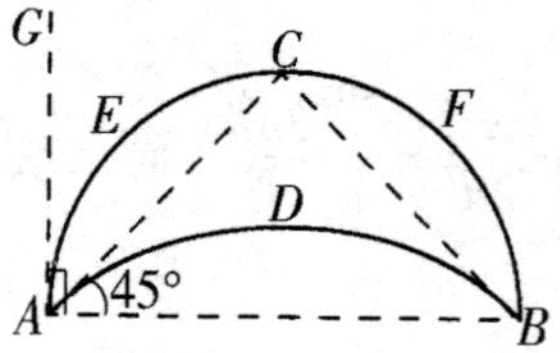

图 4

下面讨论把弯月亮形化成等面积的正方形的问题。所谓弯月亮形是指两圆相交于两点，在一圆内部而在另一圆外部的平面区域，图 3 的阴影部分就是两个弯月亮。

和化圆为方不能用规尺完成的难度有些区别的是，有些弯月亮是可以用规尺作出的。

（1）内外弓形角分别为 45°和 90°的弯月亮可以用规尺作出，见图 4。

由于弓形角 $\angle GAB=90°$，$\angle CAB=45°$，其中 C 点在弯月亮的弧上，则 ΔABC 是等腰直角三角形，$AB^2=AC^2+BC^2$；又由于

$$\frac{\text{弓形 } ACE}{\text{弓形 } ABD}=\frac{AC^2}{AB^2},\ \frac{\text{弓形 } BCF}{\text{弓形 } ABD}=\frac{BC^2}{AB^2}$$

于是

$$\frac{\text{弓形 } ACE+\text{弓形 } BCF}{\text{弓形 } ABD}=\frac{AC^2+BC^2}{AB^2}=1$$

从而得知弯月亮的面积等于$\triangle ABC$的面积。由于可以用规尺把$\triangle ABC$化成等积的正方形，所以可把弯月亮 $ACBD$ 用规尺化成等积的正方形。

（2）若弯月亮的外弧上的弦 $AA_1 = A_1A_2 = \cdots = A_{n-1}A_n = A_{n-1}B$，满足 $AA_1^2 + A_1A_2^2 + \cdots + A_{n-1}A_n^2 = AB^2$，又 AA_1 弦在外弧上构成的弓形角与 AB 弦在内弧上构成的弓形角相等，则弯月亮可用规尺化成等积正方形，见图 5。

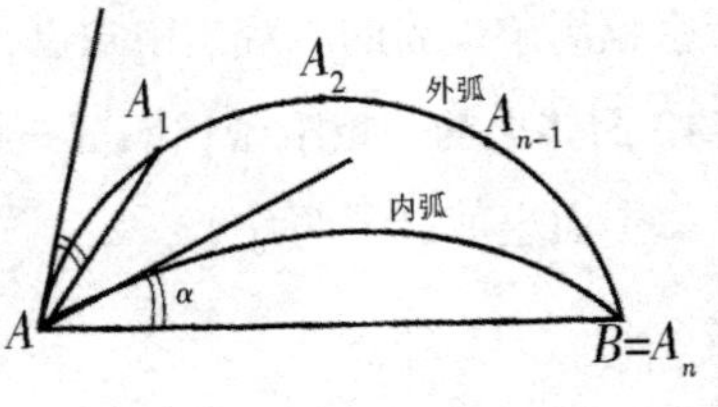

图 5

与（1）推理相似地可得外弧上的 n 个形的面积和等于内弧与 AB 弦组成的弓形面积，于是弯月亮的面积与多边形 $AA_1A_2\cdots A_{n-1}A_n$ 的面积相等，而多边形 $AA_1A_2\cdots A_{n-1}A_n$ 可以用规尺化成等积的三角形，此三角形再用规尺化成等积的正方形，于是终于用规尺把弯月亮形化成等积的正方形。

但并不是任何弯月亮形都可以用规尺化成等面积的正方形。例如图 6 中 AB 是大半圆直径，$AC = CD = DB$，则以 AC 为直径的半圆的面积加上三个弯月亮形的面积等于梯形 $ABDC$ 的面积，由于梯形可以规尺等积化方，所以三个弯月亮形加一个半圆可以规尺化方，而已知半圆不可规尺等积化方，所以这三个弯月亮形之和不可规尺化方，从而一个这种弯月亮不可规尺化方。

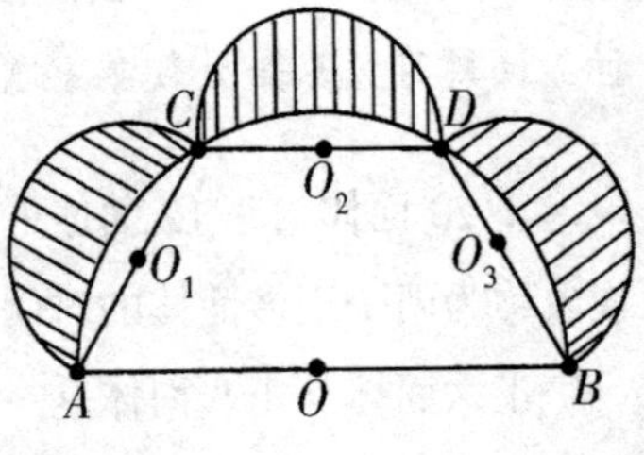

图 6

正多面体交替互嵌

姐姐用纸片剪出 20 个全等的正三角形，黏成一个正 20 面体，她把剪刀递给妹妹，要求妹妹把这个正 20 面体剪成两部分，而且每个面也剪成两部分，剪痕又不能通过正 20 面体的顶点。

聪慧的妹妹把正 20 面体每个面那个正三角形的重心找到，再从重心引三边的垂线段，于是形成下图所示的图形，每个顶点附近都呈现这种形象。于是妹妹画出的恰是以正 20 面体各面重心为顶点的一个正 12 面体，已经从哈密顿周游世界的游戏当中知道，正 12 面体上有一条哈密顿圈，她用剪刀沿正 12 面体上的一条哈密顿圈剪一圈，则把正 20 面体剪成两片，且正 20 面体的每个面也剪成了两片。

知识点

哈密顿周游世界问题

哈密顿是爱尔兰数学家及物理学家。哈密顿周游世界问题是：从正十二面体的一个顶点出发，沿着正十二面体的棱前进，要把二十个顶点无一遗漏地全部通过，而且每个顶点恰好只通过一次，最后回到出发点。哈密顿周游世界问题可以算是大数学家欧拉七桥问题的延续，但远不如七桥问题复杂。

正 20 面体与正 12 面体的这种“我面中心你之顶，你面中心我之顶”的现象称为两个正多面体的对偶关系。

正六面体与正八面体是一对对偶关系图。

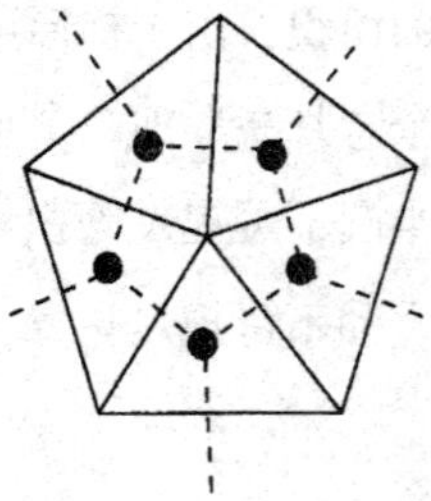

一个正 20 面体存在唯一的内接正 12 面体，此内接正 12 面体上又唯一的内接一个正 20 面体，两种正多面体无穷次交替地镶嵌在一起，形成一种极其规则、极其匀称、极其豪华的空间结构，对偶的正六面体与正八面体也会构成如此动人的框架结构。

平方“金字塔”计算

俄国著名画家波格丹诺夫·别尔斯基曾经在 1895 年画了一幅题为《口算》的名画。画中是一位老先生在教一群村童做口算，这群天真可爱的学生

呈现各式的深思姿态（其中一位正与老先生耳语），老先生安坐在黑板前，黑板上写有下面这样一道算术题

$$\frac{10^2+11^2+12^2+13^2+14^2}{365}=?$$

画中的老先生是俄国著名的数学家拉钦斯基（1836～1902）。拉钦斯基曾获自然科学博士学位，曾任莫斯科大学数学教授。1868 年，他为了推行大众教育，辞去了大学的职务，在自己家乡的庄园里办起了一所初等学校，亲自当教师，教育和培养农民的孩子。他还为这所学校编写了大量的小册子，如《1001 道心算题》、《算术游戏》、《几何游戏》等。拉钦斯基创办的这所学校在俄国影响很大，所以，别尔斯基特为此作画一幅。拉钦斯基对画中的算术题的解答如下：

因为

$$10^2+11^2+12^2=13^2+14^2=365$$

所以

$$\frac{10^2+11^2+12^2+13^2+14^2}{365}=\frac{365\times 2}{365}=2$$

$$10^2+11^2+12^2=13^2+14^2$$

可看作是著名的勾股定理 $3^2+4^2=5^2$ 的一个推广。把问题一般化，人们发现了以下的平方奇观

$$3^2+4^2=5^2,$$

$$10^2+11^2+12^2=13^2+14^2,$$

$$21^2+22^2+23^2+24^2=25^2+26^2+27^2,$$

$$36^2+37^2+38^2+39^2+40^2=41^2+42^2+43^2+44^2,$$

$$55^2+56^2+57^2+58^2+59^2+60^2=61^2+62^2+63^2+64^2+65^2,$$

这个关于平方的最有趣、也是较复杂的“金字塔”最早出现于 1961 年出版的一本国外数学杂志中，你能继续写下去吗？你发现了什么规律？一般地，对于任意正整数 n，有恒等式

$$(2n^2+n)^2+(2n^2+n+1)^2+\cdots+(2n^2+2n)^2$$
$$=(2n^2+2n+1)^2+(2n^2+2n+2)^2+\cdots+(2n^2+3n)^2。$$

上式的证明是比较容易的。

令 $2n^2+2n=m$，那么

$$(2n^2+n)^2+(2n^2+n+1)^2+\cdots+(2n^2+2n)^2$$
$$=(m-n)^2+(m-n-1)^2+\cdots+m^2$$
$$(2n^2+2n+1)^2+(2n^2+2n+2)^2+\cdots+(2n^2+3n)^2$$
$$=(m+1)^2+(m+2)^2+\cdots+(m+n)^2$$

以上两式左边与左边相减，得

$$[(m-n)^2-(m+n)^2]+[(m-n-1)^2-(m+n-1)^2]+\cdots+[(m-1)-(m+1)^2]+m^2$$
$$=-4m[n+(n-1)+\cdots+2+1]+m^2$$
$$=-2mn(n+1)+m^2$$
$$=m[n-2n(n+1)]=0$$

所以

$$(2n^2+n)^2+(2n^2+n+1)^2+\cdots+(2n^2+2n)^2$$
$$=(2n^2+2n+1)^2+(2n^2+2n+2)^2+\cdots+(2n^2+3n)^2$$

太阳高度的直尺测算

古人很早就知道，用小小直角尺（矩）可以量出相当高的高度。他们把角尺直立在水平位置上，对准要测量的物体，使物体的量高点与角尺两边上的两点成一直线，用相似直角三角形对应边成比例的性质，就可以把物体的高度算出来了。这里的条件是：直尺的直角点到物体垂直于水平面的线的距离是能够用尺直接测量出来。

2000 多年以前，汉代的天文学家把这种方法推广到计算太阳所在的高度，这是古代一个十分有趣的天文问题，也是一个很有意义的数学问题。我们现在知道，太阳与地球是宇宙中两个椭圆形的天体，它们之间的平均距离有 14 960万千米。可是古代的人想知道太阳所在的高度是多少，他们又是怎样测量的呢?

原来，那时有的天文学家，认为天是圆的（指球形），地是方的。地球是一望无际的平地，挂在天空中的太阳，尽管一年四季千变万化，但在特定的时间和地点，它的高度是可以测量计算的。于是，这些天文学家用一根 8 尺（约 2.7 米）长的标杆（p），选定夏至这一天，在南北相隔 1 000 里（500 千米）的两个地方（A，B），分别测出太阳的影子长度（m，n）。设太阳离地面的高度为 $h+p$，A 点到太阳在地面的垂足的距离为 d，根据相似直角形对应边成正比例的性质，得：

$$\begin{cases} \dfrac{h}{p}=\dfrac{d}{m} & (1) \\ \dfrac{h}{p}=\dfrac{d+\mathrm{AB}}{n} & (2) \end{cases}$$

解方程组得：

$$h=\frac{p\times \mathrm{AB}}{n-m} \qquad (3)$$

汉代的天文学家认为，北面 B 点的影长 n 与南面 A 点的影长 m 恰恰相差 1 寸。因此，$n-m=1$ 寸，$p=8$ 尺，AB = 1000 里，代入（3）式得

$$h=\frac{8\text{ 尺}\times 1000\text{ 里}}{0.1\text{ 尺}}=80000\text{ 里}$$

将 80 000 里（约 40 000 千米）再加上标杆的长度 8 尺（约 2.7 米），便是太阳离地面的高度（当然，这个结论是不符合实际的）。从（3）式中可以知道，h 的高度等于北面影子与标杆长之比减去南面影子与标杆长之比去除南北两点间的距离。同样，用这两个比值的差除以南面影长，使得到 A 点到太阳在地面的垂足的距离。因此，南北两点的距离确定以后，太阳离地面的高度主要决定于标杆影长与标杆长的两个比值之差。但是，因为他们假设地面是平的，不符合实际情况，因而得出错误的结果。然而，我国古代这种数学方法是正确的，汉代天文学家把这种计算方法称为“重差术”。我国数学家刘徽系统地总结了这种办法，写成专门的一章，也是叫作“重差”，附在古代数学名著《九章算术》之后。唐代初年，国子监整理出版古代数学著作时，把

这一章作为《算经十书》之一，单独发行。因为它第一个问题是测出一个海岛的高度和距离，所以又把它称为《海岛算经》，这本书一直流传到现在。

知识点

算经十书

《算经十书》是指汉、唐一千多年间的10部著名的数学著作的统称，他们曾经是隋唐时代国子监算学科的教科书。十部书的名称分别是：《周髀算经》、《九章算术》、《海岛算经》、《张丘建算经》、《夏侯阳算经》、《五经算术》、《辑古算经》、《缀术》。北宋时期雕版印刷术发达，曾将9部（《缀术》已经失传）算经刊刻发行，这是世界上最早的印刷本数学书。《算经十书》代表了我国古代数学的最高成就。

地球纬度差异的测算

根据牛顿有关引力的理论，可以推想出来，地球并不是一个纯粹的圆球体，而应该有点像橘子那样，是个中间宽两头扁的球状体。换句话说，由于离心力的作用，地球在赤道上的直径要比两极间的直径要长。也就是说，两极的每一纬度间的距离要比赤道附近每一纬度间的距离要大。

为了证实这一理论，法国政府于1735年组织了两次考察。考察队的任务是通过对子午线弧度的测量，精确地计算出地球的形状和大小。第一支考察队在深入到位于赤道附近的秘鲁安第斯山区时遇到了许多困难。两年后，第二支考察队去了北欧拉普兰地区，那是当时欧洲人所能到达的最靠近北极的地区。由于恶劣的气候条件和仪器的敏感度很高，这两次考察不仅耗费时日，而且历尽周折。但是，在历时数年的艰苦工作中，他们所收集到的数据和得出的计算结果证实了牛顿的想法。北极附近的一个纬度间距要比赤道附近的一个纬度间距长1%。赤道部位的地球要比两极部位的更圆。今天我们知道，赤道区域的海平面要比两极地区的海平面离地球的中心远21千米。

知识点

地球弧度测量

弧度测量是测定地球形状和大小的一种方法。在过去，是通过测定地面两点间的子午线（也叫经线，是在地面上连接两极的线，表示南北方向）弧长，再用天文测量测定这两点的纬度，由此推算出地球子午线的每度弧长，以确定地球的形状和大小。

地球经度的测量

许多世纪以前，航海家们已经懂得如何测量纬度（赤道到地球南北任何一点的距离），即测量出太阳在某地的最高点或北极星的位置，再算出它们与天顶的距离就可以了。但是，只有知道某一点与出发港口的确切距离（无论是向东或向西），才有可能计算出经度，而这一点在那个时代绝非易事。

1714年，英国政府宣布，谁能找到确定海上航行船只确切位置的方法，就奖励他2万英镑。英国人哈里森是一位木匠和手工艺人，从1728年开始，他制作出了好几只适合在船上使用的计时器，一只比一只更轻便、更精确。1739年，他又制作出了第一只适合远洋航行用的计时器，但有点复杂，也不十分精确。又经过多年的研究和试验，终于在1761年制造了一只相当精确的计时器，用它计算出来的经度只有几海里的误差。这只计时器有一个用几种不同金属制成的内置平衡装置，它既可抗御船只的颠簸，又能适应温度的变化。但是，哈里森还必须对他的计时器进行多次试验，成功以后才能获得悬赏。1762年，在一次从英国到加勒比海的巴巴多斯的航行中使用了这个计时器。航行历时5个月，哈里森的计时器只慢了15秒。但是，直到10年以后，英国政府才给哈里森颁发了奖金。这只计时器的出现开辟了航海事业的新纪元。从此，在海上航行的船只可以知道自己的确切位置，并有可能绘制出更加精确的航海图，为找到更加快捷的新航线提供了可能。

圆木堆垛的计算

在货栈或仓库里，物品的码放都是很有次序的，这样不仅整齐美观，取用方便，而且也易于统计。

有一堆长短粗细相同的圆木堆放在露天仓库里，按以下规律排列：最下边一层是 10 根，以后每一层比下一层少一根，最上边一层是 1 根，这堆圆木一共有多少根？

有的同学说，圆木堆垛的横截面是一个三角形，底层是 10 根，高是 10 层，列式为：$10 \times 10 \div 2 = 50$（根），这堆圆木共 50 根。

也有同学说，圆木堆垛的横截面是一个梯形，下底层是 10 根，上底层是 1 根，高是 10 层，列式为：$(10+1) \times 10 \div 2 = 55$（根），这堆圆木共 55 根。

这两个答案哪个对呢？现在来分析一下。

假如你在这堆圆木旁边，再并排地放上同样的一堆，只是上下倒置。这时，这两堆圆木合成的圆木堆，每一层的根数，恰好是底层与顶层根数的和，底层是 10 根顶层是 1 根，每一层的根数是 $10 + 1 = 11$（根），一共是 10 层，$11 \times 10 = 110$（根），这 110 根是两堆圆木的总根数，原来的这堆圆木的根数就是这两堆圆木总根数的一半，$110 \div 2 = 55$（根）。由此说明，认为“这堆圆木共 50 根”的答案是错误的。错误的根本原因在于，不应该把圆木堆垛的横截面看成为三角形，虽然它上底很短，数值很小，是“1”，但它毕竟不是“0”，只有当梯形的上底逐渐缩短，数值成为“0”时，梯形才转化成三角形了。

由此也可推出圆木堆垛一般的计算公式是：

$$\frac{(\text{底层根数} + \text{顶层根数}) \times \text{层数}}{2}$$

如果有一堆钢管堆放在地上，第一层是 8 根，底层是 20 根，每层仍是依次减少一根，要求这堆钢管总数是多少根，也可用这个公式来计算：

$$总根数=\frac{(底层根数+顶层根数)\times 层数}{2}=\frac{(20+8)\times 13}{2}=182\ (根),$$

这堆钢管总数是 182 根。

“巧算圆木堆垛”的方法还可以推广到其他圆柱形物体的计算上去，如铅笔厂计算铅笔的支数、水泥管厂计算水泥管数等。除此以外，你能不能用这种巧算的方法计算：$101+102+103+\cdots\cdots+198+199+200$ 的和呢？把 101 看作顶层的数，200 看作底层的数，100 个数是层数，列式为：

$$\frac{(101+200)\times 100}{2}=15050$$

其实，这道题还可以这样算：$150.5\times 100=15050$，你猜猜，这又是怎么想的呢？

蛋糕的切分计算

甲乙二人分食一块正三角形蛋糕，切一刀，每人吃其中一块。乙说蛋糕要由他来切，而且还要由他先挑。聪明的甲说同意，但要乙答应一个条件，条件是乙切蛋糕时刀刃必须经过甲指定的一点，设蛋糕的厚薄均匀，试问甲指定的点在何处才能使贪嘴的乙少占便宜？且问乙最多可以多吃多少蛋糕？

什么样的蛋糕乙占不着便宜？

有无一种形状的蛋糕，乙能得到比整个蛋糕的$\frac{3}{4}$还多的部分？

如果是中心对称形蛋糕，甲把“指定点”取在对称中心上，则乙只能把蛋糕等分，不会切出一块大一块小的情形，这样甲就迫使乙的贪婪企图落空，只能二人等分了；当蛋糕是圆形、椭圆形、正方形或正六边形等形状时，就会发生上述形势，这时乙占不到便宜。

对于正三角形的情形，甲把指定点取在三角形的重心是最佳策略，见图 1。

$\triangle ABC$ 是边长为 1 的正三角形，则乙只能过重心 O 平行于 BC 来切，不然，若过 O 点沿其他方向 GOF 来切，则他至多得到四边形 $BCFG$，这块蛋糕比梯形 $DECB$ 少，事实上，$\triangle OGD$ 的面积比 $\triangle OEF$ 的面积大。

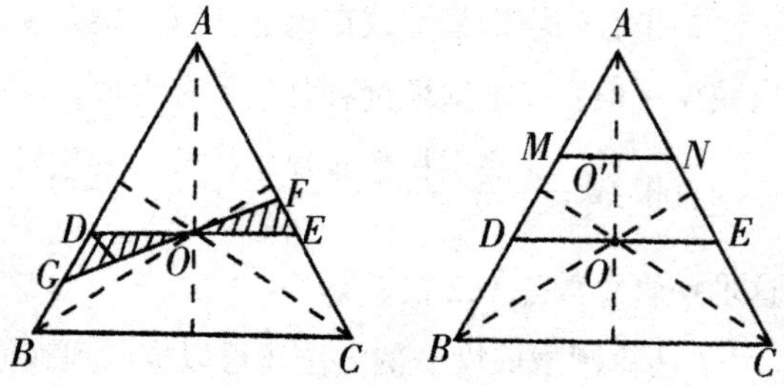

图 1

知识点

重心

重心是指在受到重力的情况下，物体处于任何方位时所有各组成质点的重力的合力都通过的那一点。规则而密度均匀物体的重心就是它的几何中心（如均匀球体的重心就在它的球心）。不规则物体的重心，可以用悬挂法来确定。另外，物体重心的位置除跟物体的形状有关外，还跟物体内质量的分布有关。如载重汽车的重心是随着装货多少和装载位置的变化而变化的。还有，物体的重心，不一定在物体上。

如果甲把指定点定在 O' 处，$O' \neq 0$，则乙过 O' 沿 BC 平行的方向 MN 来切分，则乙会多得到一块梯形 $MNED$。所以甲唯一的选择是把指定点取在 O 点。

无论什么形状的蛋糕，乙也得不到 75% 以上的蛋糕。事实上，任何形状的蛋糕，甲总能从其上指定一点及过此点的两垂直线，使得这两条垂线把蛋糕划分成各占 25% 的四块。如果把这两条垂线视为平面上的坐标轴，则乙过指定点（原点）怎么切，都有至少一个象限的那部分蛋糕未被切分，所以乙至多得 $\frac{3}{4}$，不会超过 75%。

知识点

象　限

象限是指平面直角坐标系里的横轴和纵轴所划分的四个区域。象限以原点为中心，x，y 轴为分界线。右上的称为第一象限，左上的称为第二象限，左下的称为第三象限，右下的称为第四象限。坐标轴上的点不属于任何象限，原点也不属于任何象限。

下面论证存在两垂直直线，把平面上任连通有界区域等分成四块，或曰，垂直切两刀，可把任意蛋糕等分成四块。

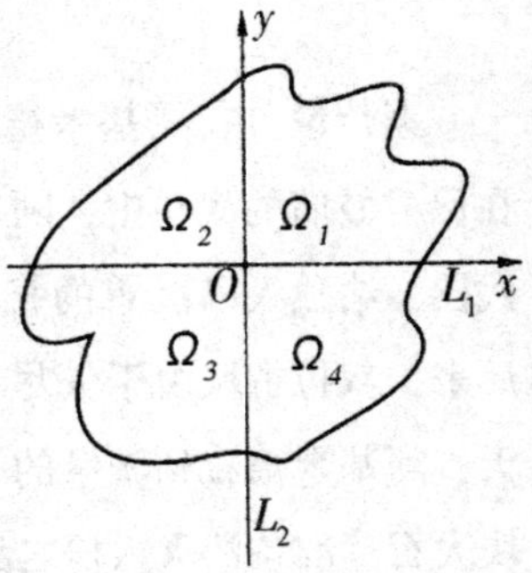

图 2

在平面上任意给定一个区域 Ω，见图 2，在 Ω 下方画一水平线 L，它与 Ω 无公共点，把 L 向上平移，存在 L_1 的一个唯一的位置，使得 Ω 在 L_1 的上方与下方的部分等积；再在 Ω 的左方画一条与 L_1 垂直的直线 L_2，把 L_2 向右方平行，则存在 L_2 的唯一的位置，使得 Ω 在 L_2 两侧的部分等积，于是

$$\Omega_1+\Omega_2=\Omega_3+\Omega_4 \qquad (1)$$

$$\Omega_1+\Omega_4=\Omega_3+\Omega_2 \qquad (2)$$

其中 Ω_1，Ω_2，Ω_3，Ω_4 表示 Ω 被 L_1，L_2 划分的四部分的面积。由（1）、（2）得 $\Omega_1=\Omega_3$，$\Omega_2=\Omega_4$。考虑差 $\Omega_1-\Omega_2$，若 $\Omega_1-\Omega_2=0$，则得 $\Omega_1=\Omega_2=\Omega_3=\Omega_4$，即蛋糕被四等分，若 $\Omega_1-\Omega_2\neq0$，下面指出适当调整十字架（L_1 与 L_2 构成的垂线）的位置，可以使得（1）、（2）满足且 $\Omega_1-\Omega_2=0$。

不妨设 $\Omega_1-\Omega_2>0$，Ω_1 是第一象限的 Ω 部分，当十字架连续变动位置，在全过程中保持（1）、（2）成立，且最后原点仍落在原点上，x 正半轴落在原 y 轴正半轴的位置，则 Ω 在第一象限的部分为 Ω_2，第二象限的部分为 Ω_3，而这时 $\Omega_1=\Omega_3$，故 $\Omega_2-\Omega_3<0$；在十字架的位置连续变化时，Ω 的第一象限

的面积与第二象限的面积差也连续变化，而此差可取正亦可取负，所以此差在十字架连续变动且（1）、（2）保持时，即第一、二象限之和与第三、四象限之和相等；第一、四象限之和与第二、三象限之和相等时，第一象限与第二象限的Ω之面积差可以取到零，这时四个象限的Ω的面积相等，即蛋糕被四等分。

杠杆省力的计算

据传说，在阿基米德晚年，他的家乡叙拉古城被强大的罗马帝国围困，在保卫城墙的战斗中，阿基米德充分动用了他的智慧和才能，发明许多特种武器，给敌人以沉重的打击，使得久攻不下的罗马军队只得弃强攻为封锁。后来，叙拉古城由于矢尽粮绝，才被罗马军队占领。在保卫古城堡的最后一天，阿基米德看到城堡的一角，几名将士正用一根既沉重又长的杠杆在运一块大石，准备消灭入侵之敌。他好像突然想起什么似的猛然站起来高声喊道："不要那么长的杠杆，换一根短的。"将士们惊呆了，用短杠杆怎么行？杠杆原理不是要加长力臂才省力吗？

遗憾的是由于城堡被敌人攻破，阿基米德还没来得及回答将士们的问题，就被罗马士兵杀害了。

这个传说是否真实，我们不必考证，但是，我们关心的是为什么阿基米德突然想到要换一根短杠杆呢？只要我们细心一想，就会发现这位古代科学家所提问题的道理，诚然加长力臂能省力，但是随着杠杆长度的增加，人们的无用消耗也将增加。那么，究竟采用多长的杠杆才最省力呢？

不妨假设杠杆的支点、力点分别为A、B，在距支点0.5米处的点挂重物490千克，已知杠杆本身每米长重40千克，求最省力的杠杆长？

显然，我们可以得这样一个关系式：

$$FX=40X\cdot\frac{X}{2}+490\times0.5$$

可转化为关于自变量 X 的二次方程：$20\times X^2-FX+245=0$。于是，利用判别式法求出 F 的极值，即：

△：$F^2-40\times20\times245\geqslant0$

即 $F\geqslant140$

故当 $F=140$ 千克时，$X=3.5$ 米

由此可知，最省力的杠杆长为 3.5 米，此时人们只用 140 千克力就可移动 490 千克重的物体。事实上，当杠杆比 3.5 米长了或短了时，所用的力都要大。例如，取 4 米时，$F=141.25$ 千克，显然用力大于 140 千克。现在，我们已说明了阿基米德说“不要用那么长的杠杆，换一根短的”的道理。

最短路径的计算

某房间天花板的一角 C（图 1）有一只蜘蛛，同时，地板的一角 K 有一只苍蝇，请问蜘蛛爬到苍蝇那儿的最短途径怎么走？

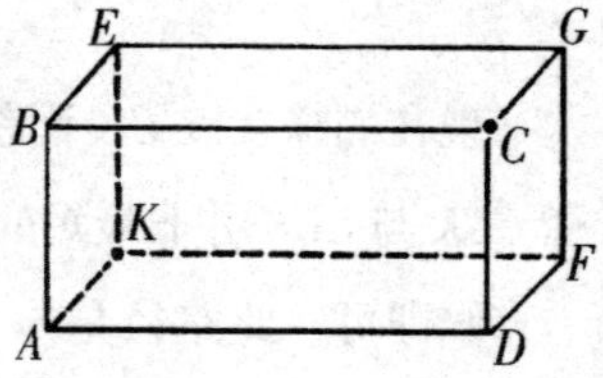

图 1

蜘蛛可以先沿着天花板的对角线 CE 爬行，然后沿边 EK 爬到苍蝇处即可，但仔细想想还有另一条路。

蜘蛛顺沿对角线 CF 在墙壁上爬行，然后顺沿 FK 到苍蝇处。同时，蜘蛛亦可沿 CA 以及 AK 的方向前进。

长方体的各部分都在对角线 CK 的中点形成对称，而路径 CDK 与 CBK、CGK 都和上面所叙述的 3 条路径等长。

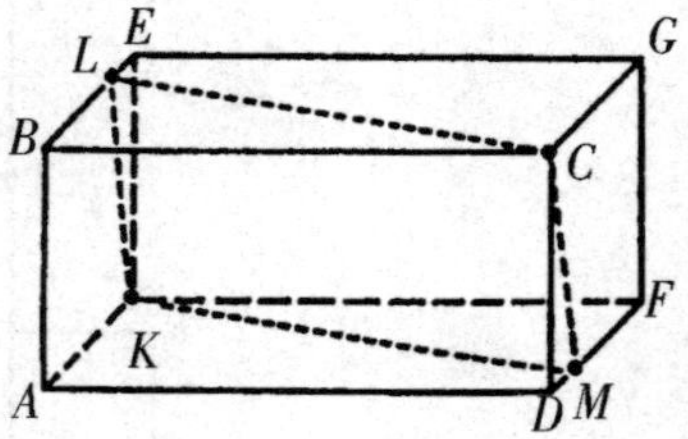

图 2

那么，这其中最短的是哪一条呢？

其实，这 3 条都不对，还有更短的路径存在，现在我们来找找看。

由于长方体的对称性，我们考虑蜘蛛的最短路径不需经过 $ABEK$ 的路线，

因为如图 2 所示，路径 *KLC* 的长度与路径 *KMC* 的长度相等，因此可说最短路径和边 *EG*、*GF*、*FD*、*AD* 之一相交，同时，其中 *AD* 与 *EG* 位于对称的位置，所以最短路径是和 *EG*、*GF* 和 *FD* 相交。

现在将形成房间的长方体展开成平面，可获得如图 3 的图。

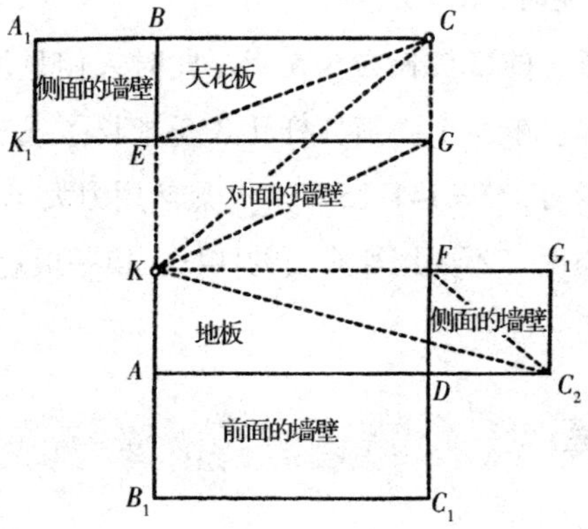

图 3

现在蜘蛛在点 C，而苍蝇在点 K，由此图可清楚了解刚才前面所叙述的路径 *CEK* 与 *CGK* 并非最短的路径，想要走最短的捷径，只要把点 C 与 K 连接成一直线即可，此路径是与 *EG* 相交的一切路径中最短的一条。同样的，路径 KC_2 是和 *FD* 相交的一切路径中最短的一条（点 C_2 和长方体的顶点 C 相对应），比路径 C_2FK 更短。

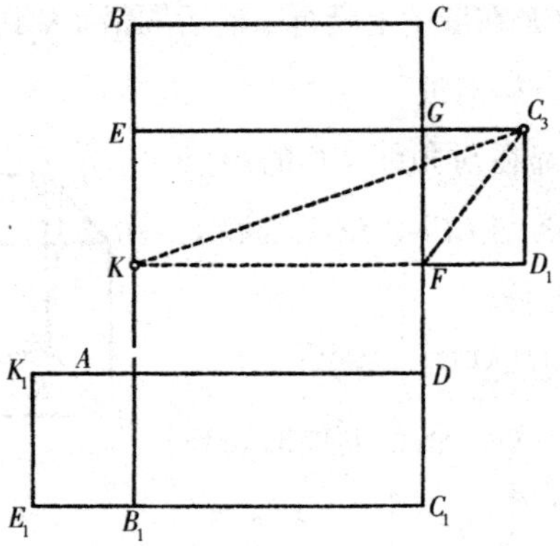

图 4

为了得到和边 GF 所相交的一切路径中最短的路径，如图 4 所示，将房间展开成平面，可发现 KC_3 是和边 GF 相交的一切路径中最短的一条。

剩下的问题就是在此 3 条路径（KC，KC_2，KC_3）中，那一条最短？这与房间的长、宽、高有密切的关系。

现在将宽 AD 以 a 来表示，高 AB 以 b 来表示，长 AK 以 c 来表示，由图 3 与图 4 可得到如下的等式：

$$|KG| = \sqrt{a^2 + (b+c)^2}$$

$$|KG_2| = \sqrt{(a+b)^2 + c^2}$$

$$|KG_3| = \sqrt{(a+b)^2 + b^2}$$

把数式中的括号拿掉，将根号内的整式加以比较，可以发现只有 $2bc$，$2ab$ 以及 $2ac$ 的项目不同罢了。把这 3 个积数除以 $2abc$，得到 $\frac{1}{a}$，$\frac{1}{c}$，$\frac{1}{b}$。由此可知，例如 $a>b$，$a>c$，那么最短径为 KC。假如 $c>a$，$c>b$，最短路径为 KG_2；假如 $b>a$，$b>c$ 的话，最短路径就为 KG_3。

换句话说，蜘蛛所走的最短路径是和边 EG、GF、FD 当中最长边相交的那条。

玩具金字塔的转移

准备木材或者厚纸板做成大小不同的圆板 8 张，以及 3 根垂直固定的木棒，同时每块圆板中央都有一个洞，现在将圆板按大小顺序套在 1 根木棒上，形成一个 8 阶的玩具金字塔。

问题就是将这金字塔从棒 A 转移到棒 B，该如何做才能成功呢？此时有 3 根木棒（图中的 I、Ⅱ、Ⅲ）作为辅助之用，但必须遵守如下的条件：(1) 1 次只能转移 1 张圆板，(2) 被移出的圆板必须套在木棒上或比本身直径大的圆板上面，无论哪根木棒都不能使直径较大的圆板套在直径较小的圆板上面。

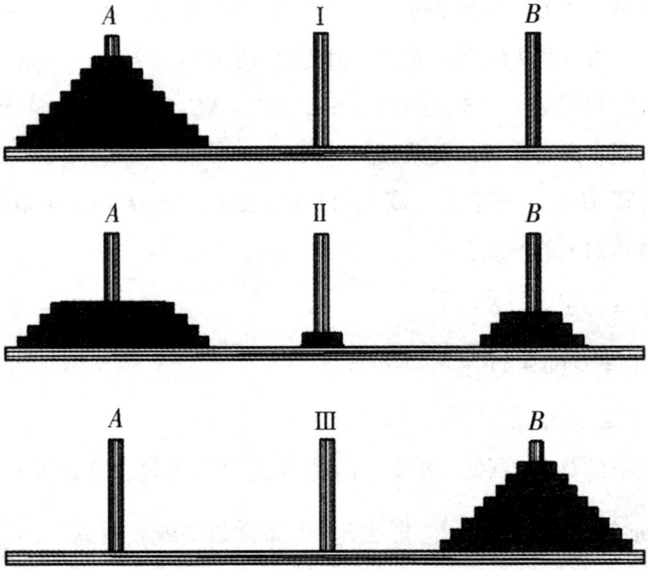

假如将8张圆板改成64张，就成为有关古印度传说的问题，据说，见那拉斯大神殿的圆屋顶就是地球的中心，黄铜的台座上坐着普拉马神，上方固定了长度约如蜜蜂的脚一般，大小和蜜蜂的腹部差不多的钻石棒3根，当世界诞生时，其中1根钻石棒套了64个中央有洞的纯金圆盘，形态犹如圆锥台一般，因为圆盘的直径由上至下愈来愈大，而这里的神官从早到晚轮流将圆盘从第1根钻石棒移到第3根，第2根钻石棒则作为辅助之用，但必须遵守下述的条件：(1) 1次只能移动1个圆盘。(2) 所移出的圆盘不是套在钻石棒上，就是套在直径比本身还大的圆盘上面。根据这两项条件，当神官把64个圆盘全部由第1棒移至第3棒的时候，就是世界末日的来临……

为表示圆板正确的移动过程，由小至大依序将圆板设为1、2、3……7、8，移动的过程请参考下面的表格。

	A棒	辅助棒	B棒
移动前	1, 2, 3, 4, 5, 6, 7, 8	–	–
第1次移动之后的情形	2, 3, 4, 5, 6, 7, 8	1	

续 表

	A棒	辅助棒	B棒
第2次移动之后的情形	3，4，5，6，7，8	1	2
第3次移动之后的情形	3，4，5，6，7，8	–	1，2
第4次移动之后的情形	4，5，6，7，8	3	1，2
第5次移动之后的情形	1，4，5，6，7，8	3	2
第6次移动之后的情形	1，4，5，6，7，8	2，3	–
第7次移动之后的情形	4，5，6，7，8	1，2，3	–
第8次移动之后的情形	5，6，7，8	1，2，3	4
第9次移动之后的情形	5，6，7，8	2，3	1，4
第10次移动之后的情形	2，5，6，7，8	3	1，4
第11次移动之后的情形	1，2，5，6，7，8	3	4
第12次移动之后的情形	1，2，5，6，7，8	–	3，4
第13次移动之后的情形	2，5，6，7，8	1	3，4
第14次移动之后的情形	5，6，7，8	1	2，3，4
第15次移动之后的情形	5，6，7，8	–	1，2，3，4

由此可知。当辅助棒空时，能套进的只有奇数号码（1号，3号，5号等等）的圆板而已；当B棒空时，能套进的只有偶数号码的圆板，所以，要移动上面4块圆板，必须把上面的3块移至辅助棒。由表可知，要进行7回这般的移动工作才行，然后把4号的圆板移到9棒，因此移动的次数已增加1回。最后，将1~3号的圆板由辅助棒移到B棒的4号圆板上面（此刻，A棒担任辅助棒的任务），这也是需7回才能移动完毕。

一般说来，在这条件下按照大小顺序将圆板移到圆柱上，首先要将$n-1$的圆板移到1个空的地方，然后将$n-1$的圆板全部移到圆柱上面。移动全体圆板所需要的次数，在Ⅱ的罗马数字上加上各阶段的圆板张数来表示，可获得的关系如下：

$$Ⅱ_n = 2Ⅱ_{n-1} + 1$$

n 值为 1 的时候，依序代入即可得到。

$$Ⅱ_n = 2^{n-1} + 2^{n-2} + \cdots\cdots + 2^3 + 2^2 + 2^1 + 2^0$$

此等比数列的和为

$$Ⅱ_n = 2^n - 1$$

因此，由 8 张圆板所形成的玩具金字塔，必须移动 $2^8 - 1$ 次的圆板，也就是 255 回才能达成问题的要求。

假设每移动 1 回需要 1 秒的时间，要把 8 张圆板所形成的金字塔，全部移到另 1 棒上，要费 4 分钟，如果要把 64 个圆盘所形成的金字塔通通移完，则需 18446744073709551615 秒，相当于 50 亿世纪。

蜂房结构奇妙天成

蜜蜂生活在地球上已有几百万年了。为了储藏蜂蜜和养育后代，一群群蜜蜂可以在一昼夜间就能盖起成千上万间精致的蜂房，蜜蜂真可谓是卓越的建筑师。令人惊奇的是，每一间蜂房，都是一个六角形柱状体，它的一端有一个平整的六角形开口，另一端则是闭合的六角棱锥形的底。千百间蜂房紧密地排列在一起，每一间蜂房的墙壁，同时又是另外 6 间蜂房的墙壁，它们紧紧地连成一片。而在这一片蜂房的底面上，又筑起了另一片蜂房，向相反一面开口。这样，两片蜂房共用着一个公共的底。

蜂房不寻常的结构，吸引了许多人的注意，历史上不少科学家曾研究过蜂房，蜂房奇特的结构至今仍使许多人感兴趣。公元 320 年，古希腊数学家帕波斯在其名著《数学汇编》的第 5 卷中研究了一个十分有趣的问题：蜜蜂的智慧。对于蜂房的构造，有一段很精辟的描写："蜂房是盛装蜂蜜的库房，它是许许多多相同的六棱柱形，一个接着一个，中间没有一点空隙。这种优美设计的最大优点是避免杂物的掺入，弄脏了这些纯洁的产品。蜜蜂希望有匀称规则的图案，也就是需要等边、等角的图形……铺满整个平面区域的正多边形一共有3种，即正三角形、正方形和正六边形。蜜蜂凭着自己本能的智慧选择了角最多的正六边形。因为使用具有更大的面积，从而可以储藏更多的蜂蜜。”

蜂房的奇妙结构，绝不仅仅是表面上的正六边形。通过进一步观察，科学家发现，蜂巢的底是尖的。它是由三个大小完全相同的菱形蜡板彼此毗邻相接所拼成。测出拼成蜂巢底部的每个菱形蜡板，钝角都是109°28′，锐角则都等于70°32′。法国物理学家雷奥姆赫猜想，蜂房底部的菱形之所以选择这样特定的角度，是因为在相同的容积下最节省材料。他特地请教了巴黎科学院院士、瑞士数学家科尼格，科尼格证实了雷奥姆赫的猜想是对的。不过计算的结果却是109°26′和70°34′，与马拉尔蒂测量的角度只有两分之差。一个是实地测量出来的，一个是数学家计算出来的，两者相差两分，究竟谁对一时成了不解之谜。人们认为蜜蜂解决这样复杂的极值问题只有两分的误差，是完全可以允许的。科尼格甚至说蜜蜂解决了超出古典几何范围而属于牛顿、莱布尼茨微积分的问题。但他的计算始终没有发表，只是在法国《科学院论文集》（1739年）上刊登了一个简介，至今人们不知他用的是什么方法。

1743年，苏格兰著名数学家马克劳林重新研究蜂房的结构，得到了更惊人的结果。他用初等几何方法，算出最省材料的菱形钝角是109°28′，锐角是70°32′，和马拉尔蒂测量的结果不差分毫。这两分的误差，不是蜜蜂不准，而是科尼格算错了。于是：“蜜蜂正确而数学错误”的说法便不胫而走，使蜂房问题增加了传奇的色彩。后来人们才发现也不是科尼格的错误，原来是他所使用的对数表有一个印刷错误。虽然科尼格的计算方法没有留下来，但人们估计他用了这张对数表。有趣的是，对数表的错误也是偶然被发现的，一艘船只由于应用科尼格使用过的对数表来确定经纬度而不幸沉没。

蜜蜂如此出类拔萃的“建筑艺术”，使数学家、建筑学家和生物学家赞叹不已，伟大的英国生物学家达尔文这样说过：“蜂巢的精巧构造十分符合需要，如果一个人看到蜂巢而不倍加赞扬，那他一定是糊涂虫。”人们从蜂巢工艺的启示中，设计出许多质轻、耐用、隔音、隔热的“蜂巢结构”，广泛应用于飞机、火箭和建筑工程上。

逆风行舟如何最快

帆船如何顶北风向正北最快地航行?

显然，这也是奥林匹克运动会帆船运动员们最关心的问题之一。

首先考虑下面的问题:

当帆面与风向所成的角为 α，与船的轴线所成的角是 β 时，帆船的航速 c 是多少?

设帆面与风向垂直时，风对帆面的压力是 P，当 $\alpha \neq 90°$ 时，垂直于帆面的风压 $p' < P$，$p' = P\sin\alpha$。再把 p' 分解成沿船轴线方向的分量 $p = p'\sin\beta$ 和垂直于船轴线的分量 $q = p'\cos\beta$，从而风加在航行方向上的压力为（图 1）$p = P\sin\alpha\sin\beta$

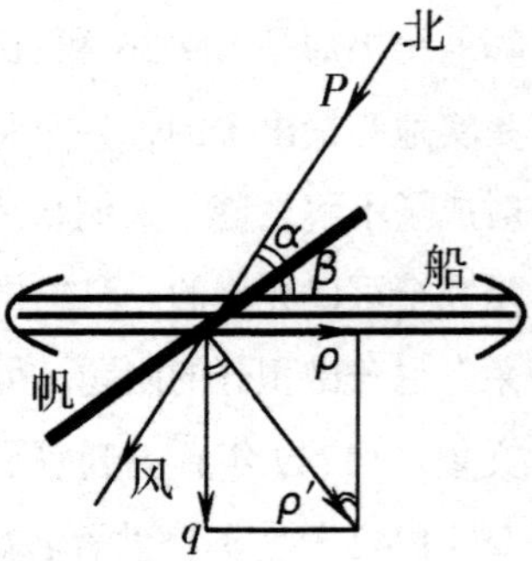

图 1

帆船的速度 c 与 p 成正比

$c = \mathrm{k}p = \mathrm{k}P\sin\alpha\sin\beta$

k 是正常数。显然 $\alpha = \beta = 90°$ 时，即风是北风，船向南行，帆与船轴垂直时，船速最大，这时 $c_{max} = \mathrm{k}P$，令 $\mathrm{k}P = C$，C 是最大船速。

下面讨论如何向北最快航行。这时船的轴线与风夹角 $\alpha + \beta$，船速向北分量为 $c' = c'\cos(\alpha + \beta) = C\sin\alpha\sin\beta\sin\gamma$，$\alpha + \beta + \gamma = 90°$。下面确定 α，β，γ 的值，使 c' 最大。

如果 $\alpha + \beta = \alpha' + \beta'$，$\alpha$，$\beta$，$\alpha'$，$\beta'$ 皆锐角，由于

$2\sin\alpha\sin\beta = \cos(\alpha - \beta) - \cos(\alpha + \beta)$

$2\sin\alpha'\sin\beta' = \cos(\alpha' - \beta') - \cos(\alpha' + \beta')$

所以当且仅当 $|\alpha - \beta| > |\alpha' - \beta'|$ 时，$\sin\alpha\sin\beta < \sin\alpha'\sin\beta'$。

考虑 $\alpha + \beta + \gamma = \alpha'\beta'\gamma' = 90°$，其中 $\alpha' = 30°$，$\gamma = \gamma'$，$\alpha' + \beta' = \alpha + \beta$，且 $\alpha = 30° + \varepsilon_1$，$\beta = 30° - \varepsilon_2$，$\alpha$，$\beta$，$\gamma$，$\alpha'$，$\beta'$，$\gamma'$ 皆锐角，ε_1，$\varepsilon_2 > 0$，则 $|\alpha -$

$\beta| = \varepsilon_1 + \varepsilon_2$，$\beta' = 30° - \varepsilon_2 + \varepsilon_1$，$|\alpha' - \beta'| = |\varepsilon_1 - \varepsilon_2| < |\alpha - \beta|$，所以

$\sin 30° \sin\beta' \sin\gamma' > \sin\alpha \sin\beta \sin\gamma$ （1）

又 $\beta' + \gamma' = 60°$，所以

$\sin 30° \sin 30° \geqslant \sin\beta'\gamma'$ （2）

由（1）和（2）得

$\sin 30° \sin 30° \sin 30° \geqslant \sin\alpha \sin\beta \sin\gamma$ （3）

即 $\alpha = \beta = \gamma = 30°$ 时，c'最大。至此得知：

船的轴线与朝北方向成 60°，且帆面平分这个角时，向北航行最快，这时最大北上速度为 $c' = C\sin 30° \sin 30° \sin 30° = \frac{C}{8}$

即是顺风向南行最大速度的$\frac{1}{8}$，见图 2。

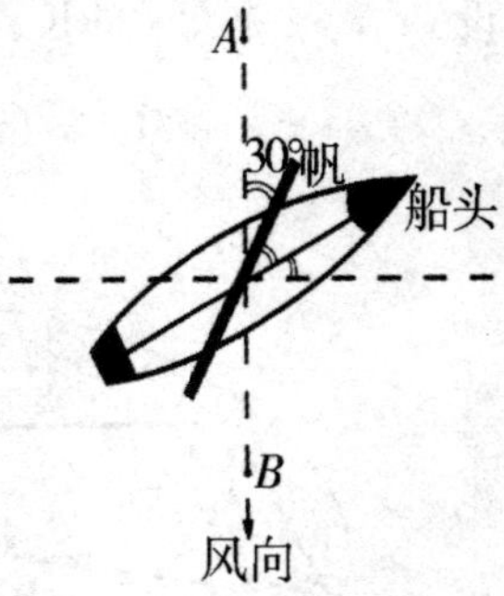

图 2

只要使船头指向与逆风方向成 60°，再把帆面转到这个 60°角的平分位，不管何方来风，总会使你向逆风方向航行得最快。这一结论也适用于无动力有舵渔船的漂流，水流相当于风，舵相当于帆。

为了达到预定地点 A，可以扭转船头若干次，使船头交替地在风向 AB 直线的两侧且使风向、船轴向和帆面间的角度仍为上述的角度。

捆绑方式的优劣比较

顾客买了一盒点心，要求售货员把长方体点心盒用尼龙绳捆紧，以便提携。售货员至少有两种捆绑方式。

（1）正交十字法，如图 1。O_1、O_2 是长方体上下底对角线的交点，十字架形尼龙绳在 O_1 与 O_2 两点打了死结，两个短形绳套相互垂直地捆紧点心盒之后，O_1、O_2 点以及两矩形都已固定，它们的任何移动都会使捆绑的绳子变长，而尼龙绳是不易拉长的，所以这种包扎十分牢固。

（2）上下压角法，如图2。$ABCDEFGH$ 是捆扎的尼龙绳形成的空间八边形，EF 与 AB 两线段向下压角，CD 与 GH 向上压角，欲使捆扎最紧，必须使上述空间八边形之周长最短，下面从展开图上来讨论，见图3。在展开图上，$ABCDEFGHI$ 应在一条直线上才能使所用尼龙绳最少，这条直线段“$A\cdots A$”的极限位置是 $A'\cdots A''$，且 $A\cdots I // A'\cdots A''$。

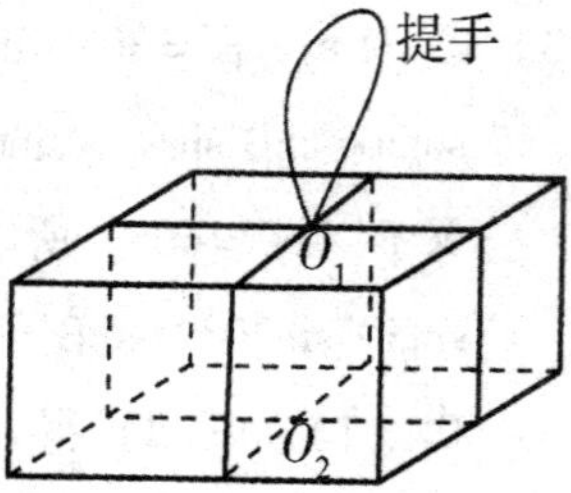

图 1

设 x，y，z 是盒子的长、宽、高，$z<x$，$z<y$，则 $\triangle A'MA''$ 是直角三角形，$A''M=2(x+z)$，$A'M=2(y+z)$，于是捆扎的总长为 $L=2\sqrt{(x+z)^2+(y+z)^2}$

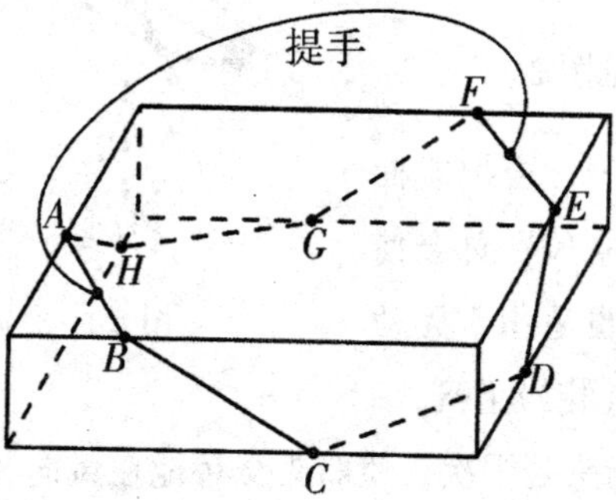

图 2

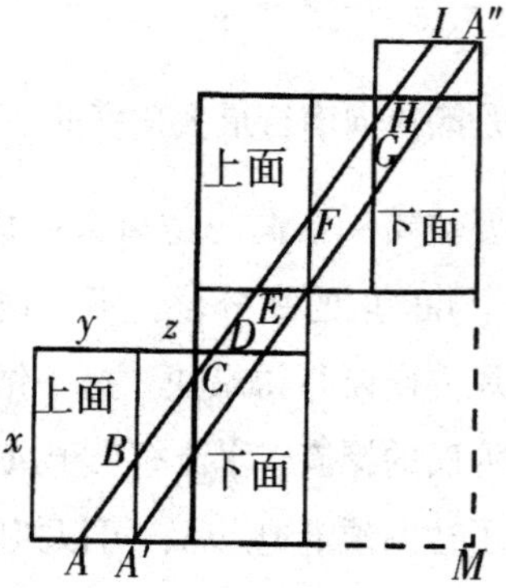

图 3

L 是最短（最紧）的捆扎用绳。$A\cdots I$ 捆扎线与盒子棱的夹角之正切为 $\frac{x+z}{y+z}$ 和 $\frac{y+z}{x+z}$。

这种最优捆扎方式，其捆绳不但可以沿着自己的走向窜动，而且可以在盒表面平行移动。当然平行移动时应该压住上下底面的角，平行移动时，绳子总长不会变化。

在正交十字捆扎中，用绳 $2x+2y+4z$，而 $2x+2y+4z>2\sqrt{(x+z)^2+(y+z)^2}$，即上下压角法不仅式样新颖，而且用绳较少，两种方式都是牢靠的。

立方装箱与正方装箱的论证

对于每个长方形箱子，问能否用有限个体积两两不等的立方块装满此箱子？

这个问题的回答是否定的，即不管用什么样的有限个两两体积相异的小立方体装填此箱，总会有空隙。

事实上，若能用这种有限个小立方体装满此箱，则箱底那一层小立方块中的最小者不会靠着箱子的侧面，见图1，图2；若最小立方块 A 靠着箱子的侧面，则其外侧的 B 处必然要用比 A 小的立方块来装填，这与 A 是底层中的最小立方块矛盾。于是第一层小立方体中最小立方体 A 的上方形成一个凹洞，压在 A 的顶上的那些小立方体中的最小者必不与凹洞侧边接触。于是出现在凹洞的中间部位必有一个比 A 更小的立方体 B，在 B 的上方形成凹洞，依此递推，会出现一串无穷个越来越小的立方体装在箱内，与装入的立方体有限矛盾。至此知用有限个相异的小立方体来装长方箱子是装不满的，不管这只箱子的长、宽、高是多少。

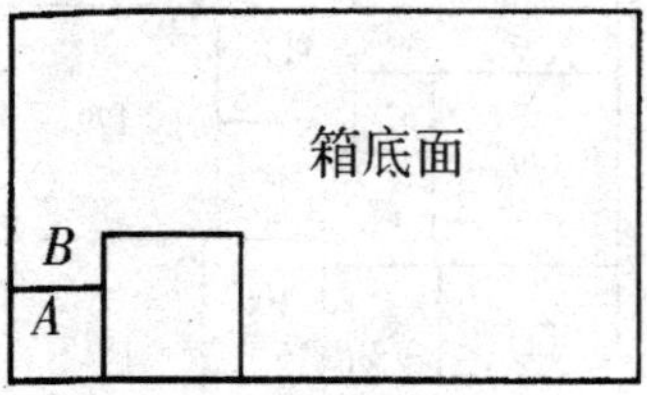

图 1

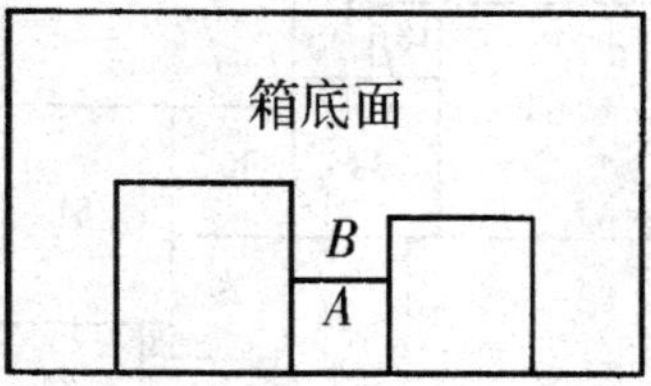

图 2

但对于二维情形，答案可以是肯定的。相应的，问题变成：把给定矩形划分成若干两两不相等的正方形。

1936 年，剑桥大学的布鲁克斯（Brooks）、史密斯（Smith）、斯通（Srune）和塔特（Tutte）给出下面两种实例，把 33×32 的矩形和 177×176 的矩形划成若干两两不等的正方形，见图3，图4，正方形内写的是其边长。

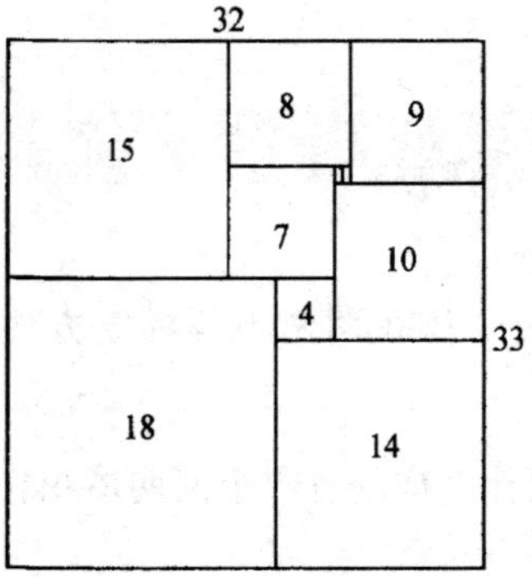

图 3

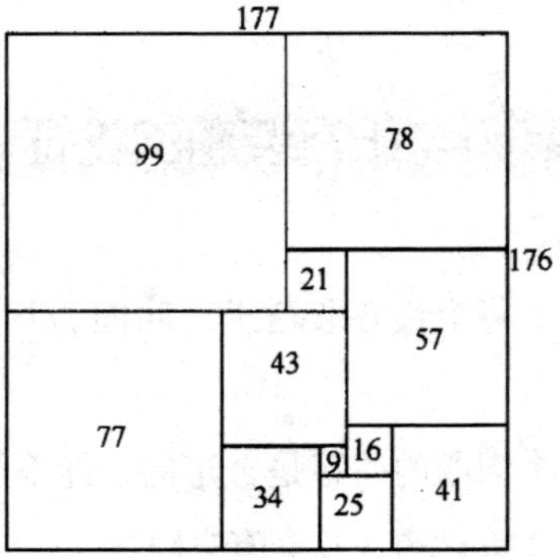

图 4

如果欲划分一个正方形成若干不等的小正方形，问题更困难一些。英国数学家威尔科克斯（Willcocks）发现了把 175 × 175 的正方形划分成 24 个相异的小正方形的结果，见图 5。

1964 年，滑铁卢大学的威尔逊（Wilson）博士（塔特的学生）用计算机找到了把 503 × 503 的正方形划分成 25 个两两互异的小正方形的结果，见图 6。

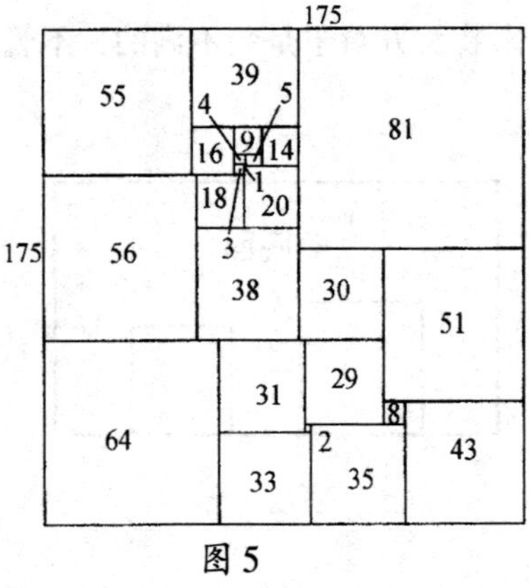

图 5

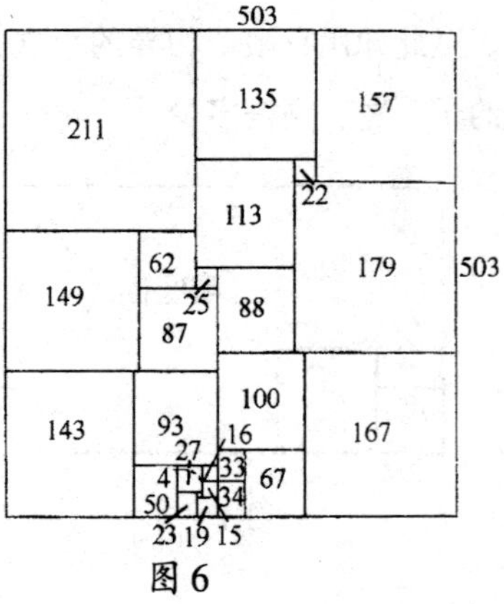

图 6

用计算机已经证实不可能把任何正方形划分成少于 20 个不同的小正方形，且这些小正方形中无排列组合成矩形的现象。

但对任意给定的正方形或矩形，把它划分成个数最少的不同的正方形，仍然是数学上有待进一步研究的课题。

抻面和伯努利移位映射

一位面包师把水分不太均匀的湿面团揉成长1米的一根面条（圆柱），把它均匀拉长成2米长，从中点切断，把右半段拿起来平行左移，使其与左半段重合，这时进行第二回合的拉伸与重叠，即把重合后的1米长的面条向右拉伸成2米长，从中点切开，把右半段平行左移，使其与左半段重合，如此不断地反复操作，这样就能使面条各处湿度趋于一致，做成面点后香甜可口，为什么呢？其中隐藏着复杂有趣的数学道理。例如，我们将用数学推理证明随着拉伸与重叠的反复进行，会出下列现象：

（1）面条上某些点对本来距离十分近，极而言之，它们的距离小到任意指定的程度，但后来两者的距离又拉远到一个十分可观的程度。

（2）面条上有的点的位置周期性地变化，即每拉伸重叠一个固定的次数，这种点又回到原来的位置。这种点的个数有无穷个，在面条上这种点处处稠密。

（3）面条上存在这种点，随着拉伸重叠地进行，它可以移动到任意指定的点的任意近旁，这样，面条上的点可以彼此掺和而使面条各处水分和碱分与糖分均匀。

下面我们建立上述抻面过程的数学模型，用数学手段严格证明上述结果（1）、（2）、（3）是真的。

把1米长的面条放在 x 轴的［0，1］区间上，则上述拉伸重叠过程的数学模型是［0，1］到自己的映射 σ 的反复进行

$$\sigma:[0,1]\longrightarrow[0,1],\ \sigma(x)=\begin{cases}2x, & 0\leqslant x<\frac{1}{2}\\ 2x-1, & \frac{1}{2}\leqslant x<1\end{cases} \quad (1)$$

盯住［0，1］上的一个点 x_0，跟踪 x_0 在每次拉伸重叠后的落点

$$x_1=\sigma(x_0),\ x_2=\sigma(x_1),\ \cdots,\ x_n=\sigma(x_{n-1}),\ \cdots \quad (2)$$

x_0 是初始点；把 σ 视为运动，则

$x_0, x_1, x_2, \cdots, x_n, \cdots$

是一串"脚印"，称为 σ 的轨道。

x_1 被 x_0 唯一确定，x_2 被 x_1 唯一确定，也就是被 x_0 唯一确定，即 $x_2=\sigma[\sigma(x_0)]$，x_n 被 x_{n-1}唯一确定，即 $x_n=\sigma^n(x_0)$，…，所以 σ 的轨道是一个确定性系统，其中似乎没有什么事是不确定的；但是，始料不及的是，就是如此简单的一个确定性系统，却隐藏着内在随机性造成的极为复杂的不确定性。为了揭示这种不确定性，我们用二进制来表达［0，1］中的数。

任取 $x_0\in[0,1]$，在二进制中可写成

$$x_0=a_1\frac{1}{2}+a_2\frac{1}{2^2}+\cdots+a_n\frac{1}{2^n}+\cdots$$

$$=0.\ a_1a_2\cdots a_n\cdots$$

其中 $a_i\in\{0,1\}$，$i=1, 2, \cdots$于是

$$2x_0=a_1+a_2\frac{1}{2}+\cdots+a_n\frac{1}{2^{n-1}}+\cdots$$

$a_1=1$ 时，$x_0\in\left[\frac{1}{2}, 1\right]$，$a_1=0$ 时，$x_0\in\left(0, \frac{1}{2}\right)$，所以

$a_1=0$ 时，

$$\sigma(x_0)=2x_0=a_2\frac{1}{2}+a_3\frac{1}{2^2}+\cdots+a_n\frac{1}{2^{n-1}}+\cdots=0.\ a_2a_3\cdots a_{n-1}\cdots$$

$a_1=1$ 时

$$x_0\in\left[\frac{1}{2}, 1\right],\ \sigma(x_0)=2x_0-1$$

$$=\left(1+a_2\frac{1}{2}+\cdots+a_n\frac{1}{2^{n-1}}+\cdots\right)-1$$

$$=a_2\frac{1}{2}+a_3\frac{1}{2^2}+\cdots+a_n\frac{1}{2^{n-1}}+\cdots$$

$$=0.\ a_2a_3\cdots a_n\cdots$$

总之，当 $x_0\in[0,1]$ 时

$$\sigma(x_0)=0.\ a_2a_3\cdots a_n\cdots$$

σ 的动作是把 x_0 中的小数点后第一位数字删除，即把 x_0 的小数点后头位数字砍掉，故称 σ 为“砍头映射”或移位映射，移位指小数点向右移一位，且把小数点前非零数字变成零。历史上是伯努利（Bernoulli）首先研究这一函数，所以也称 σ 为伯努利移位映射。

伯努利家族在科学史上占有重要地位，祖籍瑞士的伯努利家族中出了 3 位世界级顶尖数学家，他们是雅可布·伯努利（Jakob Bernoulli，1654－1705）和雅可布的胞弟约翰·伯努利（Johann Bernoulli，1667～1748），约翰之子丹尼尔·伯努利（Daniel Bernoulli，1700～1782）。他们又养育了在许多科学领域中崭露头角的成群后代，其中 8 人是数学家。

雅可布·伯努利在父亲的逼迫之下学习神学，他却偷偷自学牛顿与莱布尼茨的微积分，33 岁就在高等数学上成就斐然，被聘为巴塞尔大学的数学教授，成为当时微积分与概率论方面的权威之一。

约翰·伯努利开始也选错了专业，首先学医，并获巴塞尔大学医学博士学位，论文内容是关于人体肌肉收缩问题的研究成果；毕业后也爱上了微积分，解决了微分方程和力学上的很多难题，28 岁出任格罗宁根大学数学物理教授，其兄雅可布去世后，继任巴塞尔大学数学教授。

约翰之子丹尼尔起初也像其父一样，选择了医学专业，毕业论文是关于肺的生理功能的内容，毕业后也是转攻他的天分所长的数理科学，1733 年，回巴塞尔大学任物理学、植物学和解剖学教授。此前是彼得堡大学的数学教授。作有传世名著《流体动力学》，并在微积分、概率论、微分方程和物理学等诸多学科发表大量著作和论文，获法兰西科学院 10 项大奖，因解决速降线问题时，丹尼尔的解法比牛顿、莱布尼茨和他父亲约翰、伯父雅可布的解法都漂亮，甚至引起了其父的嫉妒和体罚。

生活中数的计算

SHENGHUOZHONG SHU DE JISUAN

印度数学家高塔姆·慕克吉在一次国际数学大会上提出：数学与日常生活是两条互相交织的线。的确，在我们日常生活中，数学的身影随处可见，从远古一直到现在，可以说数学一直陪伴着我们。原始人对捕获猎物的记数就是一种最简单的数的计算。时至今日，生产生活中需要数的计算的地方更是比比皆是，可以说数的计算充溢着我们的世界，时间需要计算，交易需要计算，农业需要计算，工业需要计算等，离开了数及数的计算，人类社会简直寸步难行。

手指帮助记忆

用手指帮助记忆的方法如下：

将两手摊平放在桌上，每根手指依序各代表 1 个数字，由左至右第 1 个手指代表 1，第 2 个手指代表 2，第 3 个手指代表 3，以此类推，第 10 个手指当然代表 10。接下来 1 ~ 10 都必须乘以 9 才行，这时手不要移动，只需把要乘的数字所代表的指头往上翘即可。那么，所翘起的指头左侧的手指数目代

表十位数，而右侧的手指数目则表示个位数。

例如7×9时，把第7个手指（由左至右）翘起，便可发现左侧有6个手指，右侧有3个，所以7×9=63。

起初听到这种机械化的方法，觉得非常奇妙，但只要依靠九九乘法表，就能揭开它的谜底。

1×9=9，　2×9=18，　3×9=27，　4×9=36

5×9=45，　6×9=54，　7×9=63，　8×9=72，

9×9=81，　10×9=90。

在这表里，积的十位数字规则地加1，按0，1，2，3……8，9的顺序排列，而个位数却恰好相反，有规则地减1，按9，8，7……1，0的顺序排列，同时个位数字与十位数字的和都是9，所以只要翘起对应的手指，就能获得答案，可说人的手指是最原始的计算机。

神奇的心算

不用计算器，也不用纸笔，只要用脑子想一想，就能算出比较复杂的算题，这叫心算。

心算有两种，一种对任何数都行，计算的方法和笔算基本相同，但它是从前往后算的。

例如：1985×1986=？

```
    1 9 8 5
×   1 9 8 6
-----------
    1 9 8 5
    1 7 8 6 5
      1 5 8 8 0
        1 1 9 1 0
-----------------
    3 9 4 2 2 1 0
```

长于这种心算法的人，一看到上面的题目，就把1 9 8 5乘以1、9、8、6四个积数计算好了，排列好了，很快地从前向后加起来，加的时候，不仅把本位的得数加好，同时将后面要进位的数也加在一起了。最后，就得到总的积数了。

长于这种心算法的人，能很快地算出十几位数的乘除法，乘方，开方等。

这种本领，不是无师自通，不学而能的，而必须通过艰苦学习，长期自我训练，才能获得。

新中国成立前，我国数学家褚凤仪写过两大本《速算》，讲的就是这种心算法。现在，我国心算家史丰收等，用的基本上也是这种心算法。

另一类心算法要凭借一点机智，能够发现题目里的一些条件，很快地心算出来。

商店的营业员常有这种本领。

例如糯米1角9分7厘500克，有个顾客买了12千克，该付多少钱呢?有的营业员很快就可以得出答数；4元7角2分8厘，或者，四舍五入，收你4元7角3分。

他为什么算得这样快呢?

原来，他把糯米一斤价算成2角，12千克当然很快就可以算出是4元8角了。可是每500克糯米多算了3厘钱，12千克就多算了7分2厘钱，必须扣除，这只要从8角里拿出1角来，减去7分2厘，得2分8厘，凑在一起就是4元7角2分8厘了。

伟大科学家爱因斯坦（1879—1955年）也长于这种速算法。有一次，他生病了，一个朋友去看他。他要求朋友出一个算术题目做做。那个朋友出的题目是：

$2976\times2924=?$

爱因斯坦马上回答："87018241"

他的朋友吃惊地问："你怎么算得这样快呢?"

爱因斯坦说："我们都知道，十位数相同，个位数的和等于10的两个两位数相乘，有个很快的计算方法。例如83×87，只要把一个8加1，再乘8，得72，放在前面，再将3×7，得21，放在后面，联结起来，就得7221了。

“你出的题目也一样，两个数前面两位都是29，后面两位加起来正好是100，这也可以照此办理。前面的部分是——”

说着，爱因斯坦用铅笔写了一个式子：

$(29+1)\times 29=870$

“后面部分是——”

76×24

$=(50+26)\times(50-26)$

$=50^2-26^2$

$=1824$

“凑起来，答案就是8701824了。”

利用太阳计算时间

利用太阳、月亮和星星，不仅可以辨别方向，还可以计算时间。

东方破晓，太阳出来了，我们都知道是早上，该吃早饭，上学了。等到太阳升得老高，但还没有升到“天顶”，这就是上午。一到太阳升到“天顶”，就叫正午。太阳偏西，是下午。太阳落山，是傍晚。

有这么一张画：下面是一只小船，上面是三个太阳。

这是什么意思呢？

这就是表示：坐了三天船。

太阳升落一次，就是一天，所以一天，又叫一日。日，是人们认识时间的基础。向上，将日积累为月、年、世纪；向下，将日分为时、分、秒。

为了记载日数，原始人曾经用刀在树上刻记号。过一天刻上一道。

可是随着生产的发展，要求精确地计算时间了，这就得依靠工具测定。

最简单的工具就是一根竿子，竖在平地上，观察它的影子。这叫“立竿见影”。

早上，太阳在东方，在竿子西边描下一条长长的影子。随着时间的流逝，影子渐渐地短了、短了，到最短的时候，就是正午。以后，太阳偏西，影子向东，逐渐加长。

如果，把影子分成几段，就可以规定出时间。例如，日影移动一寸，所经过的时间就叫“一寸光阴”。

另外，在我国北方，太阳总是偏南，特别是冬天偏得厉害。这样，影子不但有长短的差别，还有角度的差别。因此，根据太阳影子的角度，也可以计算时间。日晷（guǐ）就是这样的测时器。现在在北京故宫里，还可以看到这种日晷。日晷面正中立着一根铁针，随着太阳转动，可以看出铁针影子指着什么时候。

知识点

日 晷

日晷，也叫“日规”，是我国古代利用日影测得时刻的一种计时仪器。其原理就是利用太阳投射的影子来测定并划分时刻。

日晷通常由铜制的指针和石制的圆盘组成。铜制的指针叫晷针，石制的圆盘叫晷面。按晷面放置方向的不同，日晷可分为赤道、地平、竖立、斜立等类型。这种利用太阳光的投影来计时的方法是人类在天文计时领域的重大发明，这项发明被人类沿用达几千年之久。

我国古代，把一天分为十二时：子，丑，寅、卯、辰、巳、午、未、申、酉、戌、亥。子是半夜，午是正午，卯是清早，酉是黄昏。

现在一天分为24小时，所以现在的一小时，相当于古代半个时，小时下面还分成60分，分下还分成60秒。

另外用作角度单位的度，也是分成60分，分下也是分成60秒的。

这也是一种进位制：六十进位制。

为什么不用十进位制呢？

原来分和秒不是用指头数起来的，而是从等分产生的。它要求$\frac{1}{2}$、$\frac{1}{3}$、$\frac{1}{4}$、$\frac{1}{5}$、$\frac{1}{6}$等都能成为它的整倍数。而$\frac{1}{60}$正好具有这个性质。所以，严格地说，应该叫六十退位制。

古代很多民族，都采用过这种六十退位制。如4 000年前的巴比伦，以及稍后的我国和印度等。在计算时间和角度上，当时认为，它比十进位制方便。以后，在天文历法上长久为人们所习惯，所以一直沿用到今天。

记时、记日、记月、记年

我国古代很早就发展了畜牧业和农业，因此，很重视历法，天文学非常发达。而天文学只有借助于数学才能发展，因此，很早就开始了数学的研究。

我国最早的一部数学著作《周髀（bì）算经》，是2 000多年前成书的。它既是一部数学著作，也是一部天文学著作。它总结了古代劳动人民天文学和数学的成就。

我国古代曾经用干支记日。十干就是；甲、乙、丙、丁、戊、己、庚、辛、壬、癸。十二支就是前面已经说过的子、丑、寅、卯、辰、巳、午、未、申、酉、戌、亥。将十干和十二支依次循环组合，就得甲子、乙丑、丙寅，丁卯……直到壬戌、癸亥等六十个数（现在称六十甲子）。一个数代表一天，从甲子到癸亥，一共六十天，再从甲子开始，周而复始。

知识点

甲　子

天干从甲开始，地支从子开始，天干与地支循环相配，可成甲子、乙丑、丙寅等60组，循环使用，以纪日或者纪年。我国传统纪年农历的干支纪年中一个循环的第一年就称为“甲子年”。以下各个公元年份，年份数除以60余4，或年份数减3，除以10的余数是1，除以12的余数是1，自当年立春起至次年立春止的岁次内均为“甲子年”。

例如公元前632年4月4日，爆发了著名的“城濮之战”，在《左传》上记载的是：“夏月己巳。”

干支不仅可以记时和日，也可以用来记月和年。

月，是从月亮来的。月亮，每晚有变化。不但月出月落时间上有变化，月亮形状也有变化：圆了又缺，缺了又圆。这是古代人观察得到的。

从新月在天上出现，一天天过去了，月亮圆了又缺了，不见了，到下次新月又在天上出现，古代人根据刻的日子计算得到，一个月29天半。（现在知道：一个朔望月有29日12小时44分3秒，或29.53日）为了使一个月的日子是整数，以后又规定大月30天，小月29天。

知识点

朔望月

朔望月也叫“太阴月”，指月球绕地球公转相对于太阳的平均周期。朔望月为月相盈亏的周期。以从朔（就是当月亮处于太阳和地球之间时，月球没被照亮的部分朝向地球就是“朔”）到下一次朔或从望（就是月球被太阳照亮的地球朝向地球就是“望”）到下一次望的时间间隔为长度，平均为29.53059天。

《诗经》上说：“十月之交，朔日辛卯，日有食之，亦孔之丑。”

根据我国天文学史家推算：公元前776年10月1日早上7~9点发生过日食。这天正是辛卯日。这里的“朔”字是我国第一次使用的，意思是整晚见不到月亮。

计年的方法比记月的多。

如果开始计算的时候是收获季节，过了 12 个多月，地球绕太阳走了一圈，果子、谷物又成熟了，那就叫做一年。我国古代黄河流域的人和古代斯拉夫人都是这么计算的。

埃及的尼罗河每年 7 月开始泛滥，古代埃及人就将两次泛滥之间的日子称为一年。美洲印第安人计算年以初雪为标志，澳洲人则根据雨季计年。

我国黑龙江一带的居民，以吃大马哈鱼作为一年的标准。因为大马哈鱼每年定时由海里进入黑龙江。

这些计算年的方法当然都是很原始，很不精确的。

我们现在都知道，地球绕太阳一周，也就是一个太阳年，等于 365 天 5 小时 48 分 46 秒或 365.242194 天。如果根据月亮来算，一年 12 个月却只有 354 天或 355 天，平均差了 10 天 21 小时。

一年差 10 天多，如果过上两三年就不得了了，这对游牧民族和农业民族定季节就大大不利。于是每过两三年就增加 1 个月，叫做闰月，有闰月的年叫做闰年。闰年一年有 384 或 385 天。

我国早在 4 000 年前的夏朝就开始制定历法，所以叫做夏历。在 3 000 年前，就有十三月的名称了。到 2 000 多年前，人们知道了一年等于 $12\frac{7}{19}$阴历的月，就采用“19 年 7 闰”的方法设置闰月。

夏历既根据月亮（太阴），也根据太阳，所以是阴阳历的一种。2 000 多年前秦始皇的时候（公元前 246 年）就测得了一年平均是 $365\frac{1}{4}$天。它比阴历优越，只是平年和闰年，日数相差太大了。

现在世界通用的公历（阳历）也经过一个长期演变的过程。

我们先看，公历每个月的日数是固定的：“七前单大，八后双大”。也就是说：一、三、五、七、八、十、腊月（十二月）是 31 天，四、六、九、十一月是 30 天，只有二月，平年 23 天，闰年 29 天。

二月平年为什么只有 28 天？

原来，我们今天用的公历是从儒略历变来的。在公元前 46 年，罗马的统帅叫儒略·恺撒。据说他的生日在 7 月，为了表示他的伟大，于是他决定：

将7月叫“儒略月”，连同所有单月都定为31天，双日定为30天，只有2月平年29天，闰年30天。因为2月是行刑的月份，所以减少1天。

恺撒的继承人叫奥古斯都，他的生日在8月。伟大人物生日的那个月只有30天那怎么行？他决定将8月叫“奥古斯都月”，并且将8、10、12月都改为31天，9、11月都改为30天。这一来不就多了一天吗？于是又从2月里拿出一天来。从此2月平年就只有28天，闰年只有29天了。

闰年为什么要多一天呢？

前面说过，地球绕太阳一周要365天5小时48分46秒。为了方便，一年算365天。那么，多出的5小时多怎么办呢？

人们想，每隔4年，就差不多可以凑上1天了，于是四年一闰，在闰年2月加1天。现在，公历年数，凡是能被4整除的，如1984、1988、1992、1996年都定为闰年。

可是，问题还没有完，因为4年实际上只多了23小时15分4秒，还差44分56秒。这个差数积累400年，又少了3天。也就是说，每隔400年要少设3个闰年才行。

于是又规定：整百年的数必须能被400整除才算闰年，否则不算。例如1600、2000、2400年才算闰年，1700、1800、1900年都不算闰年。

这样，每400年差的3天就扣出来了。

当然，还有一点点差距，但是那只要在3000年以后再调整就行了。

墓碑上的数学

丢番都是古代希腊著名的数学家，关于他的年龄在任何书上都没有明确的记载，可是，在他的墓碑上却刻下了关于他的生平资料。如果依据墓碑上提供的生平资料，用数学方法去解答，就能算出数学家丢番都的年龄，这就是人们所说的“墓碑上的数学”。

丢番都的墓碑上到底刻了些什么呢？

"过路人，丢番都长眠在此"。倘若你懂得碑文的奥秘，它就会告诉你丢番都一生寿命究竟有多长。

"他的生命的六分之一是幸福的童年；再活了他生命的十二分之一，他度过了愉快的青年时代；后来丢番都结了婚，这样又度过了一生的七分之一；再过五年，他得了第一个儿子，感到很幸福，可是命运给这个孩子在世界上的光辉灿烂的生命只有他父亲寿命的一半；自从儿子死了以后，他努力在数学研究中寻求慰藉，又过了四年，终于结束了尘世的生涯。"

现在让我们从碑文中去寻求解答问题的各种数量关系。

先用方程解。我们假设丢番都的年龄是 x 岁；他的生命的 1/6 是童年，童年便是$\frac{x}{6}$；再活了他生命的 1/12，就是再活了$\frac{x}{12}$；他结婚又度过了一生的 1/7，便是$\frac{x}{7}$；再过 5 年生了儿子，儿子的生命是父亲寿命的一半，那就是$\frac{x}{2}$；儿子死后的 4 年，他结束了一生。

根据以上分析可以列出方程：

$$x=\frac{x}{6}+\frac{x}{12}+\frac{x}{7}+5+\frac{x}{2}+4$$

解：

$$84x=14x+7x+12x+42x+756$$

$$9x=756$$

$$x=84$$

这就是说，丢番都活了 84 岁。

这个问题也可用算术方法解。我们把丢番都的年龄看作整体"1"，童年是$\frac{1}{6}$，青年是$\frac{1}{12}$，结婚后度过了一生的$\frac{1}{7}$，又过了 5 年生儿子，儿子年龄是他父亲生命的$\frac{1}{2}$，又过了 4 年，结束了一生。

由此说明（4+5）年恰好是他一生的（$1-\frac{1}{6}-\frac{1}{12}-\frac{1}{7}-\frac{1}{2}$）。列式为：

$$(4+5)\div(1-\frac{1}{6}-\frac{1}{12}-\frac{1}{7}-\frac{1}{2})$$

$$=9\div\frac{84-14-7-12-42}{84}$$

$$=9\div\frac{9}{84}$$

$$=84\text{（岁）}$$

由此可以得知，丢番都21岁结婚，38岁做了爸爸，儿子只活了42岁，儿子死的时候，丢番都80岁，儿子死后4年，这位84岁的老人给自己的一生画了一个句号。

丢番都的主要著作有《算术》一书。在书中，除了记述代数原理外，还记述了不定方程及其解法。丢番都研究的不定方程问题，对后来的数学研究影响很大，后人也把不定方程称为“丢番都方程”。

中奖的概率

先抽的概率大

我们常会碰到这样的问题，10个人抽一个奖，应该说每人获奖的概率是一样的。但有的人认为，先抽合算，后抽不合算。现在我们来分析一下：

第一人抽着奖的概率是$\frac{1}{10}$，抽不着奖的概率为$\frac{9}{10}$；

第二人抽时只有9个签，有两种可能：①第一人已抽着奖，第二人抽着奖的概率应是$\frac{1}{10}\times\frac{0}{9}=0$；②第一人未抽着奖，第二人抽着奖的概率应是$\frac{9}{10}\times\frac{1}{9}=\frac{1}{10}$。

所以第二人抽着奖的概率为：

$$p=\frac{1}{10}\times\frac{0}{9}+\frac{9}{10}\times\frac{1}{9}=\frac{1}{10}$$

因此，第二人抽签，不管第一人是否抽到奖，他抽到奖的概率仍是$\frac{1}{10}$。

第三人去抽签时还有 8 张签，也是两种情况：

（1）前面两个人中已有一个抽着奖，第三人抽着奖的概率应是

$$\left(\frac{1}{10}\times\frac{0}{9}+\frac{0}{10}+\frac{1}{9}\times\frac{0}{8}\right)=0$$

（2）第一、二人都未抽着奖，而第三人抽着奖的概率应是：

$$\frac{9}{10}\times\frac{8}{9}\times\frac{1}{8}=\frac{1}{10}$$

所以第三人抽着奖的概率为：

$$\left(\frac{1}{10}\times\frac{0}{9}+\frac{0}{10}\times\frac{1}{9}\right)\times\frac{0}{8}+\frac{9}{10}\times\frac{8}{9}\times\frac{1}{8}=\frac{1}{10}$$

因此，不管第一人，第二人是否抽着奖，第三人抽着奖的概率仍为$\frac{1}{10}$，所以 10 人抽签不管先抽还是后抽，抽着奖的概率是一样的，机会是一样的。

知识点

概　率

概率也叫或然率、机会率或几率、可能性，是数学概率论的基本概念，是一个在 0 到 1 之间的实数，是对随机事件发生的可能性的度量。简白地说，概率就是一件事发生的可能性的大小。概率与生活、生产关系密切，在不确定性问题中，概率理论常常是解决问题的一种有效手段甚至唯一的手段。

连号还是不连号

日常生活中我们常可见到各种各样的奖券、彩票，比如体育彩票、社会福利彩票、有奖储蓄奖券等等。购买奖券时到底是买连号的好还是买不连号的好？到底哪一种中奖机会大呢？

我们先来看一个简单的例子。设有某种奖券，奖券号末位是 0 的就中奖，

中奖机会（概率）是10%。现购买两张奖券。如果购买连号，则两张奖券的奖券号末位共有10种可能，分别是（0，1），（1，2），（2，3），……，（9，0），且每一种情况出现的可能性（概率）是一样的，而其中只有（0，1）及（9，0）两种情况下，会有一张奖券中奖，因此，总的中奖概率为20%，平均中奖次数为 $1\times20\%=0.2$。如果不买连号的而任意购买两张奖券，则两个末位号有以下100种可能，同样每种情况出现的概率相同，各为1%，

（0，0），（0，1），（0，2），……（0，9）

（1，0），（1，1），（1，2），……（1，9）

（9，0），（9，1），（9，2），……（9，9）。

在这100种情况中，只有在（0，0）一种情况下，所购买的两张奖券都中奖，因此概率是1%；而在（0，1），……，（0，9）及（1，0），……，（9，0）共18种情况中，有且只有一张奖券中奖，概率为18%；在其余情况下，所购买的两张奖券均不中奖。因此，总的中奖概率为 $1\%+18\%=19\%$，比购买连号时20%小了1%，但平均中奖次数为 $2\times1\%+1\times18\%=0.2$ 次，与购买连号时一样。因此我们说，购买连号或不连号的两种情况下，平均中奖次数（机会）是一样的。如果购买三张奖券，计算也与前面类似。购买连号的时候，中奖概率是30%，平均中奖次数是0.3次。购买不连号的时候，三张奖券都中奖的概率是0.1%；有两张奖券中奖的概率是2.7%；只有一张中奖的概率是24.3%。总的中奖概率是 $27.1\%<30\%$。此时，平均中奖次数为 $3\times0.1\%+2\times2.7\%+1\times24.3\%=0.3$ 次，仍与买连号时一样。事实上，无论购买几张奖券，两种购买方式的平均中奖次数都是一样的。

再把这个例子改一改，设末位奖券号为0时中二等奖，末两位奖券号为00时中一等奖，且不同奖项可兼中兼得。假设仍然是购买两张奖券，前面已计算过，无论采用哪一种购买方式，中二等奖的平均次数是一样的。类似的可以计算出，购买连号奖券时，中一等奖概率为2%，平均中奖次数为0.02次。购买不连号奖券时，两张都中奖的概率是 $1\%\times1\%=0.01\%$，只有一张中奖的概率是 $1\%\times99\%+99\%\times1\%=1.98\%$，因此总的中一等奖的概率为 $1.99\%<2\%$。中奖次数为 $2\times0.01\%+1\times1.98\%=0.02$，两种购买方式的平

均中奖次数仍然是一样的。

总而言之，无论奖项分几个等级，无论每个奖项的中奖概率是多少，也无论购买多少张奖券，购买连号的或不连号的，总的中奖概率可能不同，但平均中奖次数总是一样的。

要羊还是要汽车

有三扇门供选择，其中有一扇门的后面是汽车，其余两扇门的后面是羊，主持人先让你任意挑选，比如你选中一号门，这时主持人打开了后面是羊的另一扇门，例如三号门，现在主持人问："为了以较大的概率选中汽车，你是否愿意改变主意选二号门？"

这个问题实际上是一个非常简单的条件概率问题。很显然，第一次选中汽车的概率是$\frac{1}{3}$，当你改变主意再次选择时，选中汽车这个事件只有一种情况，即第一次没有选中汽车（概率为$\frac{2}{3}$），再次选择时才选中（此时概率为1），所以当你改变主意再次选择时选中汽车的概率为$\frac{2}{3}\times 1=\frac{2}{3}$

有人认为当你再次选择时，就好比是在两扇门中任选一扇门的概率问题，即当你再次选择时选中汽车的概率是$\frac{1}{2}$，这是没有考虑到"第一次已经选择过一扇门"这个条件而造成的错误结论，这个错误在条件概率的计算中常会出现。

知识点

条件概率

条件概率就是事件A在另外一个事件B已经发生条件下的发生概率。条件概率的通式为：P（A| B），读作"在B条件下A的概率"。如：根据大量的统计，大熊猫活到10岁的概率是0.8，活到15岁的概率是0.6，若现有一

只大熊猫已经10岁了，则他活到15岁的概率是多少？在这里，A和B不一定有因果或者时间上的顺序关系。A不一定先于B发生，可能在其后发生，也可能二者同时发生。还有，A可能会导致B的发生，也可能相反，或者二者之间根本就没有因果关系。

如有10扇门，其中有3扇门后面是汽车，其余是羊，请你任选一扇门，当你选定一扇门后，主持人打开一扇不是汽车的门，再次请你选择一扇门，这时你选中汽车的概率是多少？很显然，当你第一次选定一扇门时，这扇门后面是汽车的概率是$\frac{3}{10}$。当你再次选择时选中汽车这个事件有两种情况：（1）第一次选中汽车，第二次再选中汽车。（2）第一次选中羊，第二次才选中汽车。

于是可以算出再次选择一扇门选中汽车的概率为：

$$\frac{3}{10}\times\frac{2}{8}+\frac{7}{10}\times\frac{3}{8}=\frac{27}{80}=0.3375,$$

比第一次选中汽车的概率要大。

如果当你第二次又选定一扇门后，主持人同第一次一样打开一扇不是汽车的门，再让你第三次选择，这里，你选中汽车的概率是多少？

第三次选中汽车的这个事件有四种情况：

（1）第一次选中汽车，第二次又选中汽车，第三次再选中汽车。

（2）第一次选中汽车，第二次选中羊，第三次再选中汽车。

（3）第一次选中羊，第二次选中汽车，第三次再选中汽车。

（4）第一次选中羊，第二次又选中羊，第三次才选中汽车。于是可以算得第三次选中汽车的概率为：

$$\frac{3}{10}\times\frac{2}{8}\times\frac{1}{6}+\frac{3}{10}\times\frac{6}{8}\times\frac{2}{6}+\frac{7}{10}\times\frac{5}{8}\times\frac{3}{6}=\frac{63}{100}=0.39375$$

又比第二次选中汽车的概率要大。

同样，主持人继续打开一扇不是汽车的门，再让你选择的话，则第四次选中汽车的概率为：

$$\frac{327}{640}=0.5109375。$$

由此可以得到一个结论：当你一次一次地改变主意选择一扇门时，选中汽车的概率将越来越大。所以当主持人提供你再次选择的机会时，你不能固执己见，应当改变原先的选择，另选为好。

取火柴棒游戏

邀请朋友和你一块玩下列的游戏，首先，在桌上放置 3 堆火柴棒，这 3 堆火柴棒的数目依序为分别为 12 根、10 根、7 根。现在，从每堆里取出火柴棒，必须注意的是，每次只能取走其中 1 堆的火柴棒，即使整堆全部取走也无所谓，最后，以取到最后 1 根火柴棒的人获胜，现在举例来说明这个游戏，假设 A、B 两人进行比赛，其过程如下：

最初的情形	12	10	7
A 取完的情形	12	10	6
B 取完的情形	12	7	6
A 取完的情形	1	7	6
B 取完的情形	1	5	6
A 取完的情形	1	5	4
B 取完的情形	1	3	4
A 取完的情形	1	3	2
B 取完的情形	1	2	2
A 取完的情形	0	2	2
B 取完的情形	0	1	2
A 取完的情形	0	1	1
B 取完的情形	0	0	1

由于轮到 A 取最后 1 根，所以 A 获得胜利，但能够使 A 绝对获胜的方法如何？

这问题的答案与二进制法有关，现在把 12、10 以及 7 以二进制法来表示。

12 ~ 1100

10 ~ 1010

7 ~ 111

于是得到3个二进制的各位数字纵列，除了最右边（最下面）的位数以外，任何位数各有2个1，*A*先做各位数没有2个1或者没有1：

12 ~ 1100

10 ~ 1010

6 ~ 110

接着轮到*B*想破坏此一性质，故*A*又回复原来的情形。继续这项游戏，每次轮到*A*，就把*B*所破坏的数字关系回复原状，使各纵列都有偶数个1。

3个正整数的组合都以二进制法表示的时候，任何纵列都会有偶数个1，将其称为正规组，否则称为非正规组。

正规组往往被破坏为非正规组，同时，任何非正规组也必然回复为正规组的情形一目了然，因此，当同一位有奇数个1的时候，选择最左（最上位）和其位有1的数目，使其数变小回复为正规组即可，必须了解的是，很简单就能够做到。

当数组为非正规组的时候，先玩的人必然能赢得这场比赛，因此，他只需在轮到自己时做正规组即可，同时本来的组为正规组时（例如12、10、6以及13、11、6），先玩的人一定输。在此时只能期待对方走错一步，把正规组变成非正规组，否则你是输定了，掌握领导权的人最后必能获胜。

火柴棒的堆数如果在4个或5个以上，不论任何情形，轮到你的时候，使任何位数的1都变成偶数个，那你就赢了。

九连环游戏算法

外国文献中把九连环叫做“Chinese Ring”，世界上一致公认它是人类所曾发明过的最奥妙的玩具之一。

九连环不知道是什么时候发明的，由于年代久远，缺乏史料，许多人都认为它大概来自民间。16 世纪的大数学家、在普及三次方程解法中作出了卓越贡献的卡尔达诺在公元 1550 年（相当于我国明朝中叶）已经提到了九连环。后来，大数学家华利斯对九连环也作了精辟的分析。在明清二朝，上至所谓“士大夫”，下至贩夫走卒，大家都很喜欢它。

九连环一般都用粗铅丝制成，现在从事此道的民间艺人已经寥若晨星。它共有 9 个圆环，每一个环上都连着一个较细的线直杆，各杆都在后一环内穿过，插在白铁皮上的一排小孔里。杆的下端都弯一小圈，使它们只能在小孔里上下移动，但脱不出来。另外再用粗铅丝做一个双股的钗。

玩这种游戏的目的是要把 9 个环一个扣住一个地都套到钗上，或者从钗上把 9 个环都脱下来。不论是套上或脱下都不容易，要经过几百道手续，还得遵循一定的规律，用数学的行话来说，就是有一套“算法”。

先介绍两种基本动作。如果要把环套到钗上去，先要把环从下向上，通过钗心套在钗头上，这一个动作除了第一环随时可做外，其余的环因为有别的环扣住，都无法套上。但有一点要注意，如果前面有一个邻接的坯已经套在钗上，而所有其他前面的环都不在钗上，那么，只要把这一个在钗上的环暂时移到钗头前面，让出钗头，后一环就可以套上去，再把前一个恢复原位。

至于环从钗上脱下的基本动作，只要把上面的“上环”动作倒过来做就行了。

懂了这两种基本动作之后，我们还要多加练习，要做到不论套上或脱下都能运用自如。现在可以看出，如果只要套上第一环，只需一步手续就行了。要套上第一、二两环，可先上第一环，再上第二环，因此，一共需要 2 步。如果要上 3 个环呢。手续就更麻烦了。必须先上好第一和第二两个环，还得脱下第一环，才能套上第三环，最后再上第一环，这样，一共需要 5 步。（为了统一起见，每移动一个环算作一步。）当环数更多时，手续必然更繁，如果一旦弄错，就会乱了套。幸而我国古代的研究家们早就考虑到了，他们根据古算的特色，创造了三句口诀：“一二一三一二一，钗头双连下第二，独环在钗上后环。”（最后五步是一二一三一；脱环时最先五步是一三一二一。）

换句话说，移动的手续是，每 8 步可作为一个单元，其中的前 7 步一定是“一二一三一二一”，至于到底应“上”应“下”呢，这可依自然趋势而定。即原来不在钗上的应“上”，原来在钗上的应“下”。至于第八步则要看那时钗头的情况而定，如果有两环相连时，一定要脱下后一环；如果钗头只有单独的一环时，一定要套上后一环。以上就是口诀的意思，“算法”的全部奥妙就都在这里了。根据这三句口诀，解开或套上 9 个环，虽然有 341 步之多，也不费吹灰之力了。据我国古代小说记载，民间老艺人把九连环全部解开来，大约只要五分钟左右。

1975 年，在国外出版了一本专书，专门讲各式各样的数列。由于电子计算机的飞速发展，数学里有一种“离散化”倾向，因此，这本书的出版，被认为是前所未有的，得到了各方面的好评。在这本书里，也收罗着下面的数列：

1、2、5、10、21、42、85、170、341、……

起先大家都莫名其妙，不知道它是干什么用的，因为它既非等差数列，又非等比数列，也不是一些有名的数列。但是，后来一经指点就恍然大悟了，原来它就是“九连环”数列。第一项的 1，表明解开 1 个环只要 1 步，第二项的 2，表明解开 2 个环需要 2 步……以此类推。由此可见，解开 9 个环，一共需要 341 步。

数列里头的各个数，到底有什么规律？是否非得死记不可？经过专家一研究、一分析，谜底终于揭穿了。原来，如果我们用 u 代表上述数列中的第 n 项，那么，就可以得出下面的公式：

当 n 是偶数时，$u_n=2u_{n-1}$。

(例如，解开 8 个环需要的步数 170，正好是解开 7 个环需要的步数 85 的 2 倍。)

当 n 是奇数时，$u_n=2u_{n-1}+1$。

(例如，解开 9 个环需要的步数 341，等于解开 8 个环需要的步数 170 的 2 倍再加上 1。)

这样一来，我们有了 u_1，就能推出 V_2，有了 V_2 就能推出 V_3……正顺藤摸瓜，这种方法就叫“递归”，是数学里的一个非常重要的概念。如果要解开几个环，到底需要几步？有没有一个直接的计算公式呢？用数学的行话来说，就是要求出一个用 n 来表示 u_n 的函数关系，经过前人的研究，推出下列公式。

$$u_n=\begin{cases}\frac{1}{3}\left(2^{n+1}-1\right) & \text{当 } n \text{ 为奇数时；}\\ \frac{1}{3}\left(2^{n+1}-2\right) & \text{当 } n \text{ 为偶数时}\end{cases}$$

于是，九连环的问题就圆满解决了。

猜猜我设定的数

将数字 1 ~ 12 排成圆形（如右图），利用这圆形可轻易猜出对方所设定的数。

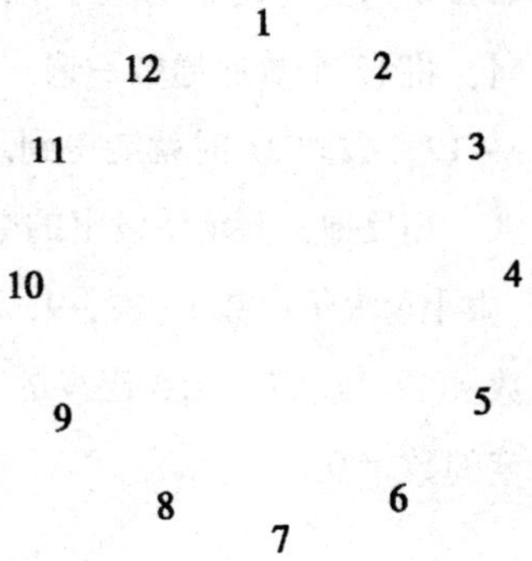

在进行这项游戏时，可利用钟、表之类的物品，让对方设定某个时间，另一方面，也可使用骨牌来猜。那么，到底要如何猜出数字呢？

首先，请对方设定 1 个圆内的数字，然后猜数者任意指出圆内的数字，请对方在此数上加上 12（也就是此圆的最大数），结果可获得某数，请对方大声说出答案。接下来让对方从所设定的数开始，默数至刚刚大声回答的数字，同时，从你（猜数者）刚才所指定的数，逆时针方向，用手指一个个数下去，那么，对方最后所指的数，就是刚才所设定的数。

举例说明，假设对方设定 5，而你（猜数者）指定 9，在心中默默地把 9 加上 12，然后要求对方：

“从你所设定的数开始默数至 21，在数的时候，用手指从 9 开始，逆时针方向，指着圆周上的数字，数到 21 时把你所指的数字告诉我。”

当对方按你的指示数到 21 时，他的手指刚好指在他所设定的 5。

还可将这问题应用得更神秘一些。

首先请对方设定1个数字（假设是5），你指定9，在心中默默加上12，然后开口说："现在我用铅笔（手指）打拍子，从你所设定的数开始，我每打1拍你就把数字加1，一直加到21的时候，你大声喊'21'好不好？"

接着，你也按9、8、7……1、12、11的顺序打拍子，对方则在内心默数5、6、7……当他喊"21"的时候，你刚好数到5。

"你设定的数字是5，对不对？"

"是呀！你怎么知道？"对方心里一定很惊讶，这究竟是怎么一回事呢？

当然，这并非"魔术"，而是根据正确的数学计算得来的。

要从5达到9，必须数5，6，7，8，9才行，因此要从9达到5，也得数9，8，7，6，5，只是顺序相反而已，如果指9说"5"，指8说"6"的话，那么要达到所设定的数字5，意味着要说出来的数字为"9"，接下来按此方向，将12个数通通数一遍，然后再回到5，因此从所指的数字9，逆时针方向9+12，数到21时就能得到。

相反地，假定所设定的数为9，指着5的时候，从9~5按照顺时针方向（由小至大依序数下去），9，10，11，12，12+1，12+2，12+3，12+4，12+5数到17，所以，由5出发的时候，以逆时针方向数12+5=17，就能达到所设定的数字9。

号码升位后增加号码的计算

我们先看一个简单问题，从0，1，2，3，4，5，6，7，8，9排成三位数字的数，如789、301、012、446、111等，0可在前面，数字可以重复，这样共可排出多少个数字？

三位数字的数，相当于3个位子，每个位子10个人都可以坐，有10种坐法，3个位子相乘共同完成，共有：

10	10	10

$$10 \times 10 \times 10 = 1000$$（个数字）

如果从0，1，2，3，4，5，6，7，8，9要排成四位数字的数，也允许数字重复，0可出现在头上等等，如4142，2226，0100，0089等。

四位数字相当于4个位子，每个位子10个人都可坐，就有10种坐法，4个位子就要相乘共同完成，共有：

10	10	10	10

$$10 \times 10 \times 10 \times 10 = 10000$$（个数字）

现在我们来回答下列问题：

（1）某市电话号码原来是七位数，那时全市最多可容纳有多少部电话呢？

$10 \times 10 \times 10 \times 10 \times 10 \times 10 \times 10 = 10^7$

（2）现在升到八位数，最多可有多少部电话？

$10 \times 10 \times 10 \times 10 \times 10 \times 10 \times 10 \times 10 = 10^8$

（3）电话号码由七位升到八位，可增加多少部电话？

$10^8 - 10^7 = 9 \times 10^7 = 90000000$（部）

也就是说电话号码由七位升到八位可增加9000万部电话。

落料最优方案的计算

有批长为132厘米的合金材料，现在截成17厘米、24厘米、33厘米三种规格材料，每种规格都要有，怎样落料才能使材料的利用率在99%以上呢？

假设截成17厘米的为规格A，截成24厘米的为规模B，截成33厘米的为规格C，根据落料数的可能，可以用树图分类讨论，具体介绍如下：

因此，截17厘米三段，24厘米二段，33厘米一段材料利用率为100%，截17厘米一段，24厘米二段，33厘米二段，材料利用率为99.2%。

这道题目也可以用列表讨论法来解，具体如下：（表一）

因此，截17厘米三段，24厘米二段，33厘米一段，材料利用率为

100%；截 17 厘米一段，24 厘米二段，33 厘米二段，材料利用率为 99.2%。

这两种方法实质上是枚举法，把各种情况都算出来，然后比较最优解。

知识点

枚举法

在进行归纳推理时，如果逐个考察了某类事件范畴内的所有可能情况，因而得出一般结论，那么这个结论一定是可靠的，这种归纳方法就叫做枚举法。枚举法有一定的局限性，那就是要求考察的个体数量不要太多。如果要考察的个体数量庞大，那必然要造成极大的时间浪费，甚至无法完成。枚举法的优点是答案一定正确。

如果将长 132 厘米合金材料只截成 24 厘米，33 厘米两种规格，两种规格都要有，怎样来找出利用率最高的落料方案？

方法一样，这里具体用列表讨论法来解。

设 24 厘米四段为 B 规格，33 厘米为 C 规格，具体讨论如下：(表二)

显然，截 24 厘米四段，截 33 厘米一段，利用率 96.97% 为最高。

表一

132	C（33）	B（24）	A（17）	利用率
	C＝1（99）	B＝3（27） B＝2（51） B＝1（75）	A＝1（10） A＝3（0） A＝4（7）	$\frac{132-10}{132}=92.4\%$ $\frac{132-0}{132}=100\%$ $\frac{132-7}{132}=94.7\%$
	C＝2（66）	B＝2（18） B＝1（42）	A＝1（1） A＝2（8）	$\frac{132-1}{132}=99.2\%$ $\frac{132-8}{132}=93.9\%$

表二

132	C（33）	B（24）	利用率
	C=1（99）	B=4（3）	$\frac{132-4}{132}=96.97\%$
	C=2（66）	B=2（18）	$\frac{132-18}{132}=86.37\%$
	C=3（33）	B=1（9）	$\frac{132-9}{132}=93.18\%$

难解数字密码锁

我们在出差时所用的包上挂一把数字密码锁，只要知道一个密码，就可以非常巧妙地打开。那么，这锁是否安全呢？

如果数字锁是三位数□□□，每一格都可以出现0，1，2，3，4，5，6，7，8，9十个数字，这样排出的三位数共有

$$10\cdot 10\cdot 10=1000\text{（个）}$$

而其中只有一个密码号才能打开，因此打开此锁的概率为$\frac{1}{1000}$。

不知道密码的人，想偷偷打开锁，就得一个不漏地一个一个去试，先000，001，002. ……一直试到999。由于心理紧张，还会重复已试过的数。就是试到了密码号而不拉一下，又会“滑”过去。这样就会试1000多个数，才能打开。如果每试一个数要花去10秒钟，试1000个数至少要花费：

$$\frac{1000\times 10}{60}=167\text{（分钟）}\approx 2.8\text{（小时）}$$

所以要想偷偷打开锁，至少要花去近3小时。旅途中的人，不可能离开包2个多小时，所以还是比较安全的。

重要的文件箱，都有六位数的密码锁。不知道密码锁的人想偷偷打开箱子花的时间会更多。

六位数数字锁□□□□□□，每一格都可以出现0，1，2，3，4，5，6，7，8，9十个数字，这样排出的六位数共有：

$$10 \cdot 10 \cdot 10 \cdot 10 \cdot 10 \cdot 10 = 10^6 = 1000000\text{（个）}$$

而其中只有一个密码号才能打开锁。因此打开锁的概率为$\frac{1}{10^6}=\frac{1}{1000000}$。

同样，不知密码的人，想找开锁总得一个一个地去试号，加上心理上的紧张，还会不自觉地重复试号。这样试号就会超过10^6个。每试一个号也按10秒计算，打开锁至少要花费：$\frac{10^6 \times 10}{3600}=2778$（小时）。

即使每天不睡，也得花费将近4个月时间才能打开六位数的密码锁。所以密码锁一般是比较安全的。

淘汰制比赛场数的安排

如果你所在的学校要举办一次象棋比赛，报名的是50个，用淘汰制进行，要安排几场比赛呢？一共赛几轮呢？如果你是比赛的主办者，你会安排吗？

因为最后参加决赛的应该是2人，这2人应该从$2^3=8$人中产生的。这样，如果报名的人数恰巧是2的整数次幂，即2、4（2^2）、8（2^3）、16（2^4）、32（2^5）、……，那么，只要按照报名人数每2人编成一组，进行比赛，逐步淘汰就可以了。假如先报名的人数不是2的整数次幂，在比赛中间就会有轮空的。如果先按照2个人一组安排比赛，轮空的在中后阶段比，而中后阶段一般实力较强，比赛较紧张，因此轮空与不轮空机会上就显得不平衡。为了使参赛者有均等的获胜机会，使比赛越来越激烈，我们总把轮空的放在第一轮。例如，上例的人在32（2^5）与64（2^6）之间，而$50-32=18$。那么，第一轮应该从50人中淘汰18人，即进行18场比赛。这样参加第一轮的18组36人，轮空的有14人。第一轮比赛后，淘汰18人，剩下32人，从第二轮起就没有轮空的了。第二轮要进行16场比赛，第三轮8场，第四轮4场，第五轮 2 场，第六轮就是决赛，产生冠军和亚军。这样总共进行六轮比赛，比赛的场数一共是：$18+16+8+4+2+1=49$，恰恰比 50 少 1。

再来看看世界足球赛的例子。’98 法国世界杯赛共有 32 支参赛球队，比赛采取的方式是先进行小组循环赛，然后进行淘汰赛。如果全部比赛都采用淘汰制进行，要安排几场比赛呢？32 正好是 2^5，因而总的场数是 $16+8+4+2+1=31$，也是比 32 少 1。

不妨再从一般情况来研究。如果报名的人数为 M 人。而 M 比 2^n 大，但比 2^{n+1} 小，那么，就需要进行 $n+1$ 轮比赛，其中第一轮所需要比赛的场数是 $M-2^n$，第一轮比赛淘汰 $M-2^n$ 后，剩下的人数为 $M-(M-2^n)=2^n$。以后的 n 轮比赛中，比赛的场数为：

$$
\begin{aligned}
&2^{n-1}+2^{n-2}+2^{n-3}+\cdots+2^3+2^2+2+1\\
&=(2^{n-1}+2^{n-2}+2^{n-3}+\cdots+2^3+2^2+2+1)\times(2-1)\\
&=(2^{n-1}+2^{n-2}+2^{n-3}+\cdots+2^3+2^2+2+1)\\
&=2^n-1
\end{aligned}
$$

所以，一共比赛的场数是 $(M-2^n)+(2^n-1)=M-1$，即比参加的人数少 1。

其实，每一场比赛总是淘汰 1 人。在 M 人参加的比赛中，要产生 1 个冠军就是淘汰 $M-1$ 人，所以就得比赛 $M-1$ 场。你明白了吗？

现在请你自己来安排一次乒乓球比赛，报名参加男子单打的有 158 人，报名参加女子单打的有 96 人，应该进行多少场比赛？怎样安排这些比赛呢？

单循环制比赛场数的安排

用淘汰制进行球类锦标赛，比赛场数比较少，所需用的时间较短，所以，报名人数较多的个人锦标赛往往采用这种方法。但有一个缺点，就是要获得冠军，中途不能有失。而且如果两强相遇过早，所产生的亚军和其他名次往往与实际水平不完全相符。因此，在报名单位较少的一些团体锦标赛中，往往不采用淘汰制而采用另一种比赛方法——循环制。

用循环制进行的比赛场数应该怎样计算呢？下面来看一个例子。如果你所在的学校有 15 个班级，每个班级有 1 个球队参加比赛，若用单循环制进行，一共要比赛几场？

如果用单循环制进行比赛，每一个队要和另一个队比赛一场，所以在 15 个球队中，每一个队伍要进行 14 场比赛，15 个球队就有 15×14 场比赛。但每场比赛是两队互相交锋的，因此，这样计算就把一场比赛算做两次了，而实际的比赛场数是 $\frac{15\times14}{2}=105$（场）。

再来看看世界杯足球赛的例子。'98 世界杯足球赛有 32 支参赛球队，如果始终采用单循环制进行比赛，那么一共要进行的比赛场数是 $(32\times31)\div2=496$（次）。

一般说来，单循环制的比赛，如果有 n 队报名，那么，比赛的场数总共是：

$$\frac{n\times(n-1)}{2}$$

但是这样安排场次太多，费时太长。因此，许多比赛采用的不完全是单循环制，而是分组双轮单循环制。如果把 15 队分成三组，每组 5 队，采用分组双轮单循环制，一共要比赛几场？

在这三组中用单循环制进行比赛，产生三个分组冠军，这三队再进行第二轮的单循环赛，产生冠亚军。这样，

第一轮是 $\frac{5\times4}{2}+\frac{5\times4}{2}+\frac{5\times4}{2}=30$（场）；

第二轮是 $\frac{3\times2}{2}=3$（场）；

比赛的总场数是 $30+3=33$（场）。

再回到'98 世界杯足球赛的例子，32 支参赛队分成 8 个组，每组 4 个队。如果按照分组进行双轮单循环赛，那么，第一轮要比赛 $\frac{4\times3}{2}\times8=48$（场），产生 8 个分组冠军；第二轮，这 8 个队再进行 $(8\times7)\div2=28$（场）比赛，决出冠亚军。

现在请你用同样的方法来安排一次乒乓球赛，报名参加男子团体赛的有26个队，报名参加女子团体赛的有19个队。如果用单循环制进行比赛，要安排几场比赛？如果各分成三组，男子两组各9队，一组8队，女子两组各6队，一组7队，采用分组双轮单循环制，一共要比赛几场？事实上很多比赛会同时采用这两种比赛方式——淘汰制和单循环制。例如98世界杯足球赛，先是32支球队分成8个组，采用分组单循环制，进行48场比赛，每组的冠亚军共16支球队，再采用淘汰制，进行8场比赛，决出前8强。再用淘汰制，进行4场比赛，决出前4名。还是用淘汰制，进行2场比赛，决出前2名。最后前2名争夺冠亚军，另外还安排一场决出3、4名的比赛。这样比赛场数总共是48+8+4+2+1+1=64（场）。

循环制比赛场数的安排

现在，我们已经知道了怎样计算循环赛的比赛场次，那么怎样排出这种比赛的程序表，使每一队在每一轮比赛中都有不同的对手呢？让我们来看上文留下的题目，女子分成的三组中有一组是6个队，这6个队用单循环制进行比赛。用 X 表示球队的编号，$X \in \{1, 2, \cdots, 6\}$，$r$ 表示比赛的轮数，$r \in \{1, 2, \cdots, 5\}$，那么每一个队都要进行5轮比赛。

下面就是一张6个队的比赛程序表，在第 r 行、第 x 列处的数字 y 代表 x 队在第 r 轮比赛中的对手。

y \ x	1	2	3	4	5	6
1	5	4	6	2	1	3
2	6	5	4	3	2	1
3	2	1	5	6	3	4
4	3	6	1	5	4	2
5	4	3	2	1	6	5

这张表是怎样排出来的呢?

首先介绍一个概念——“同余”。所谓同余，是指两个整数 a，b 被另一正整数 m 去除，有相同的余数，通常用符号：

$$a = b \pmod m$$

表示“a，b 关于模 m 同余”。例如 34 与 12 被 11 除余数都是 1，就称“34 与 12 关于模 11 同余”。同余的概念早在公元 5 世纪时，在我国的《孙子算经》中已经出现。在日常生活中也经常会遇到，比如，某月 2 日是星期三，那么 9 日，16 日，23 日都是星期三，因为它们关于模 7 同余。

知识点

孙子算经

《孙子算经》约成书于公元四、五世纪，是我国很有影响的数学著本。其作者生平和编写年代都不清楚。现在传本的《孙子算经》共三卷。卷上叙述算筹记数的纵横相间制度和筹算乘除法则，卷中举例说明了筹算分数算法和筹算开平方法。著名的“中国剩余定理”就出自这本书。

一般地，要排出有 N 个队参加的循环赛程序表，只需要第 r（$r = 1, 2, \cdots, N-1$）轮中取能满足 $x + y = r \pmod{N-1}$ 的 y 值就行了。

因此上例中，只要取能满足 $x + y$ 被 5 除余数为 r 的 y 值就行了。

先看第一轮比赛（$r = 1$，$x + y = 6$），于是有 $x = 1$，$y = 5$；$x = 2$，$y = 4$。但是 $x = 3$ 时，$y = 3$，这意味着第三队将与自己比赛，这当然是不可能的。为此，我们规定，在这种情况下，它与最后一队即第 6 队比赛。于是表中第一行排好了。

再看第二轮比赛（$r = 2$，$x + y = 7$），于是第二行可以毫不费力地排出来。

第三轮比赛（$r = 3$，$x + y = 8$），而 $x = 1$ 时，$y = 7$，无此队，因而这种情况下，可改取 $x + y = r$，则 $x = 1$，$y = 2$；$x = 2$，$y = 1$。此后还是按照 $x + y = 8$，则当 $x = 3$，$y = 5$；$x = 4$ 时，y 不可能为 4，由上可知，取 $y = 6$。

用同样的方法，可以把上面列出的表排完。

这样，如果参赛的队数是偶数，每一个队在每一轮比赛中都能有不同的对手。当然这并不是唯一的排法，而且如果参赛的队数是奇数，这种排法也就不适用了。

同生日的概率计算

你有没有发现，在同班同学中，几乎总有生日相同的。不信，你可以去统计一下。但是，你能说出为什么吗？一个班级不过40～50人，而一年在365天，生日怎么会“碰”在一起呢？

先来计算一下“四人的生日都不在同一天”的可能性（概率）。随意找一个人甲，他的生日可能是365天中的任何一天，就是说有365种可能；第二个人乙，第三个人丙，第四个人丁也是同样。于是四人的生日状况共有365 $\times 10^4$ 种情况。那么生日各不相同的情况占了多少呢？如果要使乙的生日不与甲相同，那么乙就只能是除去甲生日那一天的其他的364天中的某一天，即有364种可能。同理，丙不能与甲、乙两人的生日相同，那么有363种可能；丁不能与三人生日相同，于是只有362种可能。因此，“甲、乙、丙、丁四人生日都不在同一天”的可能性是：

$$\frac{365 \times 364 \times 363 \times 362}{365^4} = 0.98 = 98\%$$

反过来，“甲、乙、丙、丁四人中至少有两人生在同一天”的可能性就是：

$$1 - 0.98 = 0.02 = 2\%$$

现在，将四人推广到40人。“40人的生日都不在同一天”的可能性应是：

$$\frac{365 \times 364 \times 363 \times \cdots 326}{365^{40}} = 0.1088 = 10.88\%$$

于是，“40人中至少有两人生于同一天”的可能性就是：

$$1 - 0.1088 = 0.8912 = 89.12\%,$$

这几乎是十拿九稳的。

如果你班上有 45 人，那么“至少有两人生于同一天”的可能性达到 94.1%；如果你班上有 50 人，那更不得了，“至少有两人生于同一天”的可能性竟达到 97.04%。

你班上有多少同学呢？你不妨算一下，“至少有两人生于同一天”的可能性在你班上是多少呢？

故事中蕴含的数学知识

GUSHIZHONG YUNHAN DE SHUXUE ZHISHI

许多故事中蕴含着人类的智慧，人们通过故事这种喜闻乐见的形式传达出自己的见解、智慧、态度等等，在这类故事中有很多故事也蕴含着丰富的数学知识。通过读这类故事，人们一方面获得了文学方面的精神享受，另一方面也加强了数学知识的培养，可谓一举两得。另外，数学能够因故事而得到进一步的传播和普及，故事也会因数学而获得一定的理性提高，这也是相得益彰，一举两得的好事。

农夫有多少钱

有位农夫一边走一边抱怨："实在太苦了！我为什么过得那么辛苦呢？人又穷又苦活着还有什么意思？口袋里只有几个铜板，一下子就会花光了。可是有些人不但很富有，财源还滚滚而来，这实在太不公平了，谁能帮助我变得富有呢？"

话说完的一刹那，恶魔出现在他眼前。

"你刚才说什么？如果你需要钱，我可以帮你，因为这实在太简单了！你看见那座桥没有？”

“看到了。”农夫点点头，心里非常恐惧。

“你只要走过那座桥，你口袋中的钱就会增加一倍，再走回来又增加一倍，每走一次桥，你的钱就会变成两倍。”

“真的吗？”农夫不敢相信。

“当然是真的！”恶魔很肯定地回答，“我告诉你的绝不会错！不过，我要你的钱每增加一倍时就给我 24 戈比，你说怎么样？”

“先生，没问题！”农夫爽快地回答，“我每过一次桥钱就多了一倍，所以每次给你 24 戈比根本不算什么，我现在可以开始了吗？”

果真，农夫走过那座桥，钱就增加一倍，他遵守诺言付给恶魔 24 戈比，再回头走第二次，钱又多了一倍，他当然又数 24 戈比给恶魔，接着再走第三回，口袋里的钱又变成两倍，但此时农夫的钱恰好是 24 戈比，为了遵守约定，只好把钱通通给了恶魔，可怜的农夫身上连一毛钱都没剩下。为什么会这样呢？

事实上，最后一次过桥之后，农夫身边刚好有 24 戈比，由此可见，在第 3 次过桥前，他只有 12 戈比，但这 12 戈比是他给恶魔 24 戈比之后所剩下来的，因此原本应该有 36 戈比。那么在第 2 次过桥前，农夫身上的钱应该是 18 戈比，而这 18 戈比也是他在第 1 次过桥后给恶魔 24 戈比所剩余的，所以原来应有 $18+24=42$（戈比），于是我们可以知道，农夫在第 1 次过桥前身上有 21 戈比。

失踪的一戈比

两位农妇到市场里卖苹果，其中一位农妇每 2 个苹果卖 1 戈比，另一位则每 3 个苹果卖 2 戈比。

她们篮中分别有 30 个苹果，第一位农妇估计自己卖完苹果之后可赚 15 戈比，第二位农妇则预估要赚 20 戈比，二人合起来共赚 35 戈比。

为避免恶性竞争，二人商量之后决定把苹果合起来卖，第一位农妇说：“我的苹果每 2 个卖 1 戈比，你则是每 3 个卖 2 戈比，如果我们想获得预定的钱，全部 60 个苹果应该每 5 个卖 3 戈比才对。”

于是二人把苹果合在一起（总共 60 个），每 5 个就卖 3 戈比。

卖完之后才觉得奇怪，因为结果比预定多出 1 戈比，也就是 36 戈比，这多余的 1 戈比是怎么来的呢？二人都觉得莫名其妙，请问到底是怎么一回事呢？多出来的 1 戈比要给谁比较公平呢？

当两位农妇为了这项意外的收入而苦思不解时，旁边两位农妇听见这情形，也想多赚 1 戈比。

这两位农妇也各带了 30 个苹果，第一位农妇每 2 个苹果卖 1 戈比，第二位农妇每 3 个苹果卖 1 戈比，因此，她们预定全部卖完时，第一位农妇可得 15 戈比，第二位农妇可得 10 戈比，合计应该得 25 戈比才对。她们模仿前面二人的方式合作卖苹果，第一位农妇说：“既然我的苹果每 2 个 1 戈比，你的每 3 个 1 戈比，那么，我们每 5 个苹果卖 2 戈比，就能得到预定的数目。”

于是她们把苹果弄成一堆，每 5 个就卖 2 戈比，可是全部卖完后只得到 24 戈比，换句话说，也就是亏损了 1 戈比。

两位农妇不知道为什么会这样？还有到底谁必须负担那亏损的 1 戈比呢？

实际上，农妇将她们所带来的苹果混在一起出售时，已经不知不觉地改变了售价。了解这点之后，问题就很容易解决了。

现在我们来看后面那两名农妇的实际情形。

当第一位农妇和第二位农妇要出售自己的苹果时，第一位农妇打算每个苹果卖$\frac{1}{2}$戈比，第二位农妇则计划每个苹果卖$\frac{1}{3}$戈比，可是当两人把苹果混在一起卖的时候，每 5 个售价 2 戈比，也就是每个苹果卖$\frac{2}{5}$戈比。

换句话说，第一位农妇并没有按照她原先的打算——每个苹果卖$\frac{1}{2}$戈比，而是以$\frac{2}{5}$戈比的价格出售。

在每个损失$\frac{1}{10}$戈比的情况下，第一位农妇在卖完30个苹果之后一共损失了3戈比。

但是，第二位农妇的情形却刚好相反。当她和第一位农妇联合出售时，她每卖出1个苹果就多赚$\frac{2}{5}-\frac{1}{3}=\frac{6-5}{15}=\frac{1}{15}$（戈比），30个苹果全数卖出之后，总共多赚了2戈比。

最后，第一位农妇损失3戈比，第二位农妇多赚2戈比，合起来仍然亏损1戈比。

以这道理来看前面两名农妇的情况，也就很容易找出“为什么会多赚1戈比”的原因。

必输无疑的马车夫

在客栈门口，一个脾气暴躁的乘客，一看见马车夫立刻问道：

“你是不是该把马牵过来准备一下了？”

“你说什么？”马车夫回答，“30分钟以后才要出发，在这段时间里，我可以将马绑上又解开20回呢！我不是新手……”

“哦，那么你的马车能系几匹马？”

“5匹。”

“系那么多马需要几分钟？”

“顶多2分钟。”

“真的？”乘客怀疑地问，“5匹马在2分钟之内绑好！这速度快得令人无法置信。”

“这没什么。”马车夫露出自负的神情，“从马厩里把马牵出来，套上马具，然后装上有支棍的拖绳和马缰，再把支棍上的铁环挂在挂钩上，接着把中间的马很牢靠地绑在车辕上，然后握住马缰，跃上驾驶座，高喊一声：‘出发！出发！’就大功告成了！”

“嗯，真好。”乘客不禁肯定地说，“我相信你能在30分钟内将马绑好又松开，连续20回。但如果把马一匹匹地解开、绑住，你可能一两个小时都做不完。”

“才不会呢!”马车夫很傲慢地说，“你的意思是不是把1匹马绑好之后，再解开换另1匹？不管是以什么方式，我都能在1小时之内把它们全部绑好，1匹弄好之后换另1匹，这样就好了嘛，这很简单啊!”

“不，不，我的意思不是这样。并不是叫你把马按我喜欢的方式来换……”乘客急忙解释道，“如果你所言不虚，每换1匹马只需1分钟即可，那么，我要你把5匹马变成所有可能的顺序，这样你需要费多少时间？”

由于自尊心作祟，马车夫很快地回答：

“还是一样，我绝对能在1小时之内，把马匹能够变换的位置全部更换一遍。”

“如果你真的能在1小时之内做好，我就给你100卢布。”乘客和马车夫打赌说。

“好！如果我没有办法做到，虽然我并非不想赚钱，但还是免费载你一程，如何？”糊涂的马车夫答道。

由于马车夫只顾着逞口舌之快，因此没想到自己必须换多少回马，注定了他必败的结局。

以1、2、3、4、5分别代表5匹马，而这5个数字的排列组合，总共有几种情形呢？

知识点

排列组合

排列组合是组合学中最基本的概念。所谓排列，就是指从给定个数的元素中取出指定个数的元素进行排序。组合则是指从给定个数的元素中仅仅取出指定个数的元素，不考虑排序。排列组合的中心问题是研究给定要求的排列和组合可能出现的情况总数。

我们知道，2 个数字的排列方式有（1，2）与（2，1）两种，而 1、2、3 这 3 个数字的排列方式，以 1 为首的情形有两种，同时，以其他数字为首也有同样的情形，于是这 3 个数字的排列方式有 $3\times2=6$（种）。

实际的排列情形如下：

123，213，312

132，231，321

以此类推，那么 4 个数字的排列方式，以 1 为首的情形就有 6 种，所以，把 4 个数字全部改变排列的方式有 4×6 种（因为固定为首的数有 4 个）。

$4\times6=4\times3\times2\times1=24$

同理，把 5 个数字重新排列，不论以 1、2、3、4 或 5 为首，各有 24 种排列情形，因此，总共有

$5\times24=5\times4\times3\times2\times1=120$ 种排列方式

由以上的例子可推论出，n 个数字（1，2，3，…n）的排列总数与 1，2，3，…n 的积相等，一般都以 $n!$ 来表示。

现在我们回到正题，前面已经算出马车夫总共要换 120 回马，每 1 回至少需要 1 分钟，因此，全部换好至少需要 2 小时，马车夫是必输无疑。

西西里岛的牛群

1773 年，有人发现了一册宝贵的古希腊文献的手抄本，上面记载了所谓“阿基米德分牛问题”，阿基米德曾把这一问题送给古希腊亚力山大城的天文学家厄拉多塞尼，向这位亚力山大的名人挑战。

分牛问题转述如下：

西西里岛的草地上，太阳神的牛群中有公牛也有母牛，公牛母牛都是白、黑、花、棕 4 种毛色；白色公牛多于棕色公牛，多出的头数是黑色公牛的 $(\frac{1}{2}+\frac{1}{3})$；黑色公牛多于棕色公牛，多出的头数是花公牛的 $(\frac{1}{4}+\frac{1}{5})$；花

公牛多于棕色公牛，多出的头数是白色公牛的（$\frac{1}{6}+\frac{1}{7}$）；白色母牛是黑牛的（$\frac{1}{3}+\frac{1}{4}$）；黑色母牛是花牛的（$\frac{1}{4}+\frac{1}{5}$）；花母牛是棕色牛的（$\frac{1}{5}+\frac{1}{6}$）；棕色母牛是白色牛的（$\frac{1}{6}+\frac{1}{7}$）。

你能算出各色公牛与母牛各是几头?

上述分牛问题的数学模型如下：

设 x_1，y_1，z_1，t_1 分别是白、黑、花、棕四色公牛的头数，x_2，y_2，z_2，t_2 分别是白、黑、花、棕四色母牛的头数。则这 8 个未知数应满足不定方程组

$$x_1 - t_1 = \left(\frac{1}{2}+\frac{1}{3}\right) y_1 \quad (1)$$

$$y_1 - t_1 = \left(\frac{1}{4}+\frac{1}{5}\right) z_1 \quad (2)$$

$$z_1 - t_1 = \left(\frac{1}{6}+\frac{1}{7}\right) x_1 \quad (3)$$

$$x_2 = \left(\frac{1}{3}+\frac{1}{4}\right)(y_1 + y_2) \quad (4)$$

$$y_2 = \left(\frac{1}{4}+\frac{1}{5}\right)(z_1 + z_2) \quad (5)$$

$$z_2 = \left(\frac{1}{5}+\frac{1}{6}\right)(t_1 + t_2) \quad (6)$$

$$t_2 = \left(\frac{1}{6}+\frac{1}{7}\right)(x_1 + x_2) \quad (7)$$

（1），（2），（3）是关于 x_1，y_1，z_1，t_1 的不定方程组，之中无 x_2，y_2，z_2，t_2 参与，可以独立求解；之后，再把 x_1，y_1，z_1，t_1 代入（4），（5），（6），（7）。由（1），（2），（3）得

$$x_1 = \frac{742}{297}t_1，y_1 = \frac{178}{99}t_1，z_1 = \frac{1580}{891}t_1$$

由于$\frac{742}{297}$，$\frac{178}{99}$，$\frac{1580}{891}$都是既约分数，所以 t_1 能被 99，297 和 891 除尽，故应取 $t_1 = 891t$，t 是正整数，这时

$$x_1=2226t,\ y_1=1602t,\ z_1=1580t,\ t_1=891t \tag{8}$$

把（8）代入（4），（5），（6），（7）得

$$12x_2-7y_2=11214t \tag{9}$$

$$20y_2-9z_2=14220t \tag{10}$$

$$30z_2-11t_2=9801t \tag{11}$$

$$42t_2-13x_2=28938t \tag{12}$$

由（9），（10），（11），（12），解得

$$x_2=\frac{7206360}{4657}t,\ y_2=\frac{4893246}{4657}t$$

$$z_2=\frac{3515820}{4657}t,\ t_2=\frac{5439213}{4657}t$$

由于$\frac{7206360}{4657}$是既约分数，所以可令 $t=4657\tau$，其中 τ 是正整数。于是得各种牛的数目为

$x_1=10366482\tau$，$y_1=7460514\tau$，$z_1=7358060c$，$t_1=4149387\tau$；

$x_2=7206360\tau$，$y_2=4893246\tau$，$z_2=3515820\tau$，

$t_2=5439213\tau$；$\tau=1，2，3，\cdots$

即使 $\tau=1$，太阳神的牛最少也有 50389028 头，小小西西里岛岂能容得下 5000 多万头牛，显然这是天才的阿基米德为了戏弄厄拉多塞尼等人而杜撰的数学游艺题；从题文也可看出破绽，其已知数据为$\frac{1}{2}+\frac{1}{3}$，$\frac{1}{3}+\frac{1}{4}$，$\frac{1}{4}+\frac{1}{5}$，$\frac{1}{5}+\frac{1}{6}$，$\frac{1}{6}+\frac{1}{7}$，实际问题哪会有这么凑巧的已知数据。在本题的假设之下，各种牛的最少头数为：

白公牛：10366482，白母牛：7206360，

黑公牛：7460514，黑母牛：4893246，

花公牛：7358060，花母牛：5315820，

棕公牛：4149387，棕母牛：5439213。

阿基米德测王冠

公元前，叙拉古地方有一位国王海隆，他命令金匠替他打造一只金冠，规定全部用纯金制造。不久，金匠把王冠打造好了，就进呈国王过目，海隆看见光辉灿烂的王冠，非常欢喜，打算重重地赏赐匠人。但有人对国王说金匠可能在制造时揩了一点油，在王冠里渗进去了一部分银子，因而就贬损了它的价值。国王听了这话觉得很为怀疑，他想仔细地查究这王冠到底是不是用纯金制成的。但国王又很喜欢这顶王冠的式样，因此他又严格地规定了无论什么人，在查究时决不允许把王冠毁损一丝一毫。对于这件事情，朝中大臣们都认为国王的条件太苛刻了，他们都感到束手无策，不能从命。国王海隆看见他的臣子们很不中用，也很烦恼，但是他不久就想到了他的顾问——国内第一聪明人，伟大的数学家和物理学家阿基米德，他决定把这件事交给他去办理。

“要查出王冠到底是用纯金制造的，还是掺进了一些银子，但又不许损害王冠”这的确是件相当艰巨的任务，阿基米德对这个题目左思右想，废寝忘食，费尽了脑筋。

他所花的艰苦劳动，毕竟不是白费的，有一天，阿基米德去洗澡。当他脱光衣服，把身体浸在浴盆里的时候，他感到有一股浮力，自己身体像是轻了一点，同时浴盆里又泼出了一些水。这种现象，以前他是司空见惯，毫不为奇的，但这时他正被王冠的难题困扰着，他的思想已经高度集中起来，几乎连睡梦里都要去想它。因此，当他看到这个现象之后，就不自觉地又联想到王冠上面去，这时他的头脑里忽然一亮，领悟到一个物体在水中所失去的重量，正好等于它所排开的水的重量（这便是我们在初中物理书常见的阿基米德原理）。用这个方法，岂不可以检验出王冠有没有掺假，并且又可以一点也不损伤这项王冠。阿基米得再仔细回味咀嚼一下，愈想愈对劲，不禁一跃而起，竟忘记了自己还没有穿衣服，就赤身露体地跑到街上去，大声高喊

“找到了！找到了！”从此他便解决了这个难题，并且为人类在流体静力学的领域内建立了第一个重要的定律。

知识点

阿基米德原理

阿基米德原理是物理学中力学的一条基本原理。内容是这样的：浸在液体（或气体）里的物体受到向上的浮力作用，浮力的大小等于被该物体排开的液体的重力。数学表达式为：F浮 $=G$排 $=\rho$液 $\cdot g\cdot V$排液。这个公式说明浮力只与ρ液、V排有关，与V物无直接关系。

聪明的王子

据传古代欧洲有位国王，一天他非常高兴，便给大臣们出了一道数学题，并许诺谁先解出了这道题便予重赏。他说：“一个自然数，它的一半是一个完全平方数，它的三分之一是一个完全立方数，它的五分之一是某个自然数的五次方，这个数最小是多少？”

有位大臣的儿子十分聪明，第二天他就替父亲解出了这道题。

满足上述条件的数，必然是2，3，5的倍数，其值可以表示为$N=2^a\cdot 3^b\cdot 5^c$（其中a、b、c为自然数）。由于$\frac{1}{2}N$是完全平方数，所以$2^{a-1}3^b5^c$是完全平方数：那么$a-1$必为偶数，即a为奇数，b、c也必须是偶数；由于$\frac{1}{2}N$是完全立方数，那么$b-1$就为3的倍数，即b为被3除余1的数，如1，4，7，10，13……同理c是被5除余1的数，即1，6，11，16，21……此外还要满足条件：a与b都是5的倍数，a与c都是3的倍数。所以，当$a=15$，$b=10$，$c=6$时，得满足条件的最小数为：$2^{15}\cdot 3^{10}\cdot 5^6$。

国王赏不起的米

古印度有个大名鼎鼎的国王，非常爱玩游戏。

有一次，他突发奇想，下令在全国张贴招贤榜：如果谁能替国王找到奇妙的游戏，将给予重赏。

一个术士揭了招贤榜。他发明了一种棋，使国王玩得舍不得放手。国王高兴地问术士道："你要求本王赏赐些什么？"术士赶忙拜倒："大王陛下在上，小小术士没有特殊的要求，只请大王在那棋盘的第一个格子里放下一粒米，在第二个格子里放下两粒米，在第三个格子里放下 4 粒米，然后在以后的每一个格子里都放进比前一个格子多一倍的米，64 个格子放满了，也就是我要求的奖赏了。"国王一听，这点米算什么，就一口答应了。可是，当找来算师一五一十地算了以后，使国王大吃一惊，原来这些米可以覆盖全地球，全世界要几百年才能生产出来，根本无法赏给这位术士。

为什么这个棋盘里的米会有这么多呢？

让我们算一算：

第一个格子里是 1 粒，第二个格子里是 2 粒，一共有 3 粒，或者，等于：

$$2\times2-1=3$$

加上第三个格子的 4 粒，一共是 7 粒，即

$$2\times2\times2-1=7$$

再加上第四个格子的 8 粒，共有 15 粒，即

$$2\times2\times2\times2-1=15$$

也等于：

$$2^4-1=15$$

所以，从第一格到第四格的米粒总数就等于 2 的 4 次乘方减去 1。那么，从第 1 格到第 64 格的米粒总数，将等于 2 的 64 次乘方减去 1，即：

$$\underbrace{2\times2\times2\cdots\cdots\times2}_{64次}-1=2^{64}-1$$

为什么这个数字会这么惊人呢？原来这个术士聪明地运用了数学上的几何级数，那是把2作为基本倍数，棋盘上的格数作为这个基本倍数的乘方，即2的n次方。棋盘上一共有64格，n就等于64，但是要减去第一格上那一粒米的数值，即$2^{64}-1$，然后再除以基本倍数减去第一格上数值的差，即$2-1$。这样，

$$\frac{2^n}{2-1}-\frac{2^{64}}{1}=2^{64}-1$$

看来，一粒米、两粒米这个数目很小，算不得什么，可是，用几何级数一算，却成为一个不可想象的巨大数字。

知识点

几何级数

几何级数是一个数学上的概念，表示x的y次方的形式增长。通常情况下，$x=2$，也就是常说的翻几（这个值为y）番。换句话说也就是2的n次方。与代数级数相比，几何级数的增长更可观。如几何级数的“翻三番”就是23，就是代数级数的增长8倍。

曹冲称象的启示

有人送给曹操一只大象，曹操想知道它的重量，这可难坏了属下的文武百官，因为那时谁也找不到这样一杆能称出这只象的体重的大秤。但是曹操六岁的小儿子曹冲却想出了一个好办法；他让官员们准备了一艘大木船，先把象牵到船上，在船身沉入水面的地方画上记号，再把大象拉上岸来，这时船身又浮了起来。然后往船上装石块，一直装到船身又沉到所画的记号处为止。最后称称那些石块，就得到了大象的重量。

曹冲所用的这种方法是很合理、巧妙的。从数学上分析，他运用了两种

数学思想。第一是“等价”的思想，第二是“化整为零”的思想。称象有困难，于是转化为称与它重量相同的石头，这在数学上就是“等价”的思想。像是完整的，称起来有困难；石块可以分别称，再求和，这在数学上就是“化整为零”的思想。

我们在解方程或方程组时，常常需要将方程（组）变形，使得变形后所得的方程（组）比原来的方程（组）要好解一些。但是，变形要掌握一条原则，就是要保持等价，即变形后的方程（组）与原方程（组）是同解的，否则就破坏了方程（组）的同解性。这种“等价变换”在数学中的应用是很广泛的。例如，

$$\begin{cases} x^2+2xy+y^2=9, \\ (x-y)^2+3(x-y)+2=0。\end{cases} \quad (1)$$

这是一个二元一次方程组，要解这个方程组，必须先把转化为与它等价的若干个二元一次方程组，即由（1）式得

$$\begin{cases} x+y=\pm 3, \\ (x-y-2)(x-y-1)=0。\end{cases}$$

于是

$$\begin{cases} x+y=3, \\ x-y-2=0, \end{cases} \quad (2)$$

或

$$\begin{cases} x+y=3。 \\ x-y-1=0。\end{cases} \quad (3)$$

或

$$\begin{cases} x+y=-3。 \\ x-y-2=0。\end{cases} \quad (4)$$

$$\begin{cases} x+y=-3, \\ x-y-1=0。\end{cases} \quad (5)$$

这里，方程组（2）、（3）、（4）、（5）的全体与方程组（1）是等价的，显然方程组（2）、（3）、（4）、（5）都是二元一次方程组，是很容易解的。

从这个例题也可以看出，要解方程组（1），只要分别去解方程组（2）、（3）、（4）、（5）就可以了，把这四个方程组的解合并在一起，就是方程组（1）的解。在这里，就是运用了“化整为零”、“各个击破”，又“聚零为整”的数学思想。

知识点

等价变换

等价变换就是把一个命题A转化为一个与之等价的新命题B的一种变换。具体来说，如果从命题A可以推出命题B，反之，从命题B亦可推出命题A，那么，就称命题A与命题B等价。

等价变换的实质就是等价地变更问题，它是一种十分重要的转化型解题方法。由于新问题与原问题等价，所以当新问题被解决时，原问题也就被解决了。

田忌妙计赢齐王

相传战国时代，齐王派大将田忌为先锋，孙膑为军师，屡攻北邻燕国，燕国乃驷马名骥之产地，齐王与田忌掳得大批马匹。一日，齐王心血来潮，约田忌在泰山脚下的围猎场赛马。双方约定各自选上、中、下三种马各一匹比赛三局，每局胜者赢千金。同一等级的马，齐王的马比田忌的马略强，但田忌的上马比齐王的中马稍强，田忌的中马比齐王的下马稍强。齐王原以为田忌会用上马与其上马对抗，中马与中马对抗，下马与下马对抗，如此，田忌会连输三局，齐王赢得三千金已成定局，田忌忙找军师孙膑请教对策，孙膑笑曰：“恭喜将军今日得胜千金！”田忌面带愁色而怨之：“先生不可讥忌耳！”孙膑对田忌附耳献计，田忌笑曰：“军师真神人也！”孙膑的策略用图论的语言可表述如下。

齐王的上、中、下三马分别记为 x_1，x_2，x_3，田忌的上、中、下三马分别记为 y_1，y_2，y_3，令 $X=\{x_1, x_2, x_3\}$，$Y=\{y_1, y_2, y_3\}$，构作 $K_{3,3}$，$V(K_{3,3})=X\cup Y$，如下图。

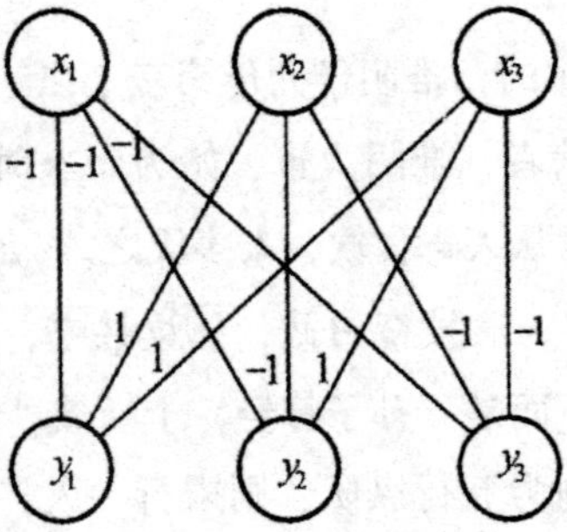

各边上标出的 ±1 是田忌相应的得分，胜得 1 分，败得 -1 分，每得 1 分，即赢得千金，得 -1 分，则输千金，例如x_1y_1表示上马对上马田输千金。$K_{3,3}$是每顶三次的二分图，由婚配定理，$K_{3,3}$中有完备匹配，且有三个无公共边的完备匹配。

$$M_1=\{x_1y_1,\ x_2,\ y_2,\ x_3y_3\}$$

$$M_2=\{x_1y_2,\ x_2y_3,\ x_3y_1\}$$

$$M_3=\{x_1y_3,\ x_2y_1,\ x_3y_2\}$$

若田用 M_1 的对策，得分 $M_1=(-1)+(-1)+(-1)=-3$，即输金 3 千；若用 M_2 的对策，得分 $M_2=(-1)+(-1)+(+1)=-1$，即输金 1 千；若田用 M_3 的对策，得分 $M_3=(-1)+(+1)+(+1)=1$，即田赢 1 千。可见田用下马对齐王上马，故意输一局，但失去了齐王的上马优势，用中马对齐王的下马，用上马对齐王的中马，连扳两局，净胜一局。M_3 为上策。

在国际乒乓球锦标赛等赛事当中，为防止孙膑式的教练用排兵布阵的技巧以弱胜强，一般都采用运动员出场顺序抽签制。

韩信乱点兵

据司马迁《史记》中的“淮阴侯列传第三十二”与“韩信卢绾列传第三十三”载，“淮阴侯韩信者，淮阴人也，始为布衣时，贫无行，不得推择为吏，又不能治生商贾，常从人寄食饮，人多厌之。”足见其贫贱之身世，被人欺凌，受过“胯下之辱”，后发奋习武，熟读兵书，成为统率刘邦全军的元帅，辅佐刘邦得天下，下面是《孙子算经》上所载“韩信乱点兵”的名题。

韩信有兵一队，若列为五行纵队，则末行一人，成六行纵队，则末行五人，成七行纵队，则末行四人，成十一行纵队，则末行十人，求兵数。

军师答曰：“两千一百一十一人或加若干倍的两千三百一十人。”

韩信答曰：“多多益善！”

实际上韩信点兵的数学模型是求下列方程的解

$x\equiv1\pmod 5$，$x\equiv5\pmod 6$，$x\equiv4\pmod 7$，$x\equiv10\pmod{11}$

按孙子定理的记号，$m_1=5$，$m_2=6$，$m_3=7$，$m_4=11$，m_1，m_2，m_3，m_4两两互素，$m=5\times6\times7\times11=2310$，$M_1=6\times7\times11=462$，$M_2=5\times7\times11=385$，$M_3=5\times6\times11=330$，$M_4=5\times6\times7=210$，又要求$M'_iM_i\equiv1\pmod{m_i}$，$i=1$，2，3，4，得$M'_2=M'_3=M'_4=1$，$M'_1=3$，$b_1=1$，$b_2=5$，$b_3=4$，$b_4=10$，于是

$x\equiv M'_1M_1\times l+M'_2M_2\times5+M'_3M_3\times4+M'_4M_4\times10\equiv462\times3\times1+1\times385\times5+l\times330\times4+1\times210\times10\equiv1386+1925+1320+2100\equiv6731\equiv2111\pmod{2310}$，即韩信的兵有$2111+k2310$，$k$是非负整数。

小偷各偷多少米

题曰：“米铺被盗，去米一般三箩，皆适满，不记细数。今左壁箩剩一

合，中壁箩剩一升四合，右壁箩剩一合。后获贼系甲乙丙三人，甲称当夜摸得马杓，在左壁箩舀入布袋；乙称踢着木履，在中壁箩舀入袋；丙称摸得漆碗，在右壁箩舀入袋，将归食用，日久不知数。索到三器，马杓容满一升九合，木履容一升七合，漆碗容一升二合，欲知所失米数，计赃结断，三盗各几何？”

“合”读 gě（同音葛），量米器具，由竹木制成，方形或筒形，装满粮食恰为一合，十勺为一合，十合为一升。

用现代汉语来讲，题文为：“一米店被盗，米店原有三个装满米的箩，三个箩容量相等，被偷后，左边箩里剩下一合米，中间箩里剩下一升四合米，右边箩里剩下一合米。后把甲乙丙三个小偷抓获，甲供认当夜摸到一只马杓，从左边箩里把米舀入他的布袋；乙供认踢着了一只木鞋，就用木鞋从中间箩里把米舀入他的布袋；丙供认他摸到一只漆碗，用此碗把右边箩里的米舀入他的布袋。三个小偷把盗得的米背回各自的家中食用，他们也糊里糊涂，不知当初偷来了多少米。后经判官索验物证，查明那只马杓可容一升九合，木鞋可容一升七合，漆碗可容一升二合，于是按每个小偷盗去的米的数量给予应得之惩处。问三人各偷去多少米？”

此题的数学模型是：设 x 是箩的容量，以合为单位，欲求的是下面方程的解

$$x \equiv 1 \pmod{19},\ x \equiv 14 \pmod{17},\ x \equiv 1 \pmod{12}$$

引用孙子定理的记号，$m_1 = 19$，$m_2 = 17$，$m_3 = 12$，m_1，m_2，m_3 两两互素；$m = m_1 m_2 m_3 = 3876$，$M_1 = 204$，$M_2 = 228$，$M_3 = 323$，$M_1' = 15$，$M_2' = 5$，$M_3' = 11$，$b_1 = 1$，$b_2 = 14$，$b_3 = 1$。于是

$$x \equiv M_1 M_1' \times 1 + M_2 M_2 \times 14 + M_3 M_3' \times 1$$

$$= 3060 + 15960 + 3553 = 22573 = 3193 \pmod{3876}$$

即每箩至少装米 3193 合，甲盗走的米为 3193 - 1 = 3192 合，乙盗走的米为 3193 - 14 = 3179 合，丙盗走的米为 3192 合。三个小偷盗走的米都不少，也差不太多，按照当时利得，应各打 40 大板，并处相当于 3000 多合米的罚金。

知识点

孙子定理

孙子定理即中国剩余定理。在现代数论中“孙子定理”是一个一次同余问题，它最早出现在我国公元4世纪的数学著作《孙子算经》中。《孙子算经》卷下“物不知数”题说：有物不知其数，三个一数余二，五个一数余三，七个一数又余二，问该物总数几何？《孙子算经》给出的答案是23。算法是：三三数之，取数七十，与余数二相乘；五五数之，取数二十一，与余数三相乘；七七数之，取数十五，与余数二相乘。将诸乘积相加，然后减去一百零五的倍数。孙子定理对近代数学如环论、赋值论都有着很重要的影响。